华为系列丛书

HCNA 网络技术

蒋建峰　蒋建锋　马　强　编著

电子工业出版社
Publishing House of Electronics Industry
北京·BEIJING

内 容 简 介

本书以 HCNA 职业认证内容为参考，主要面向高校学生，旨在为广大院校学生提供一个学习最新实用网络技术的窗口。在圆满完成本课程内容的学习后，学生可以参加华为公司认证考试，获取华为公司权威数通认证，提升自身竞争力。本书主要内容包括：IP 网络层次结构、华为数通设备在电信级 IP 网络中的应用；IP 协议、ICMP/Ping/Tracert 原理、IPv6 基础知识；HDLC/PPP 协议基本原理与配置、Frame Relay 基本原理与配置；以太网技术、交换机基本原理、VLAN 基本原理与配置、STP 基本原理与配置；路由器工作原理、VRRP 特点与基本配置、静态路由协议原理与配置、RIP 协议基本原理与配置、OSPF 协议基本原理与配置、路由器基本故障处理方法；防火墙类型和基本原理、ACL 和 NAT 在防火墙中的实现等。

本书既可作为高职高专院校计算机网络技术、通信、电子信息类专业及其他相关专业的网络基础课程教材，也可作为对计算机网络技术感兴趣的相关专业技术人员的参考书，还可作为准备参加华为公司认证考试人员的复习资料和相关企业员工的培训教材。

未经许可，不得以任何方式复制或抄袭本书之部分或全部内容。
版权所有，侵权必究。

图书在版编目（CIP）数据

HCNA 网络技术/蒋建峰，蒋建锋，马强编著. —北京：电子工业出版社，2019.1
（华为系列丛书）
ISBN 978-7-121-35585-1

Ⅰ. ①H… Ⅱ. ①蒋… ②蒋… ③马… Ⅲ. ①企业内联网—教材 Ⅳ. ①TP393.18

中国版本图书馆 CIP 数据核字(2018)第 265053 号

策划编辑：宋　梅
责任编辑：王　炜
印　　刷：北京盛通数码印刷有限公司
装　　订：北京盛通数码印刷有限公司
出版发行：电子工业出版社
　　　　　北京市海淀区万寿路 173 信箱　邮编：100036
开　　本：787×980　1/16　印张：14.25　字数：320 千字
版　　次：2019 年 1 月第 1 版
印　　次：2024 年 7 月第 9 次印刷
定　　价：58.00 元

凡所购买电子工业出版社图书有缺损问题，请向购书店调换。若书店售缺，请与本社发行部联系，联系及邮购电话：(010) 88254888，88258888。
质量投诉请发邮件至 zlts@phei.com.cn，盗版侵权举报请发邮件至 dbqq@phei.com.cn。
本书咨询联系方式：mariams@phei.com.cn。

前　言

　　嘉环公司是华为公司在国内重点培育的华为客户培训分部、授权培训合作伙伴（HALP）、华为教育合作伙伴（HAEP）。苏州工业园区服务外包职业学院与嘉环公司合作成立嘉环 ICT 学院，积极参与 ICT 专业的人才培养，提供教育服务整体解决方案。

　　书本以 HCNA 为参考，主要面向高校学生，旨在为广大院校学生提供学习最新实用网络技术的窗口。编著者长期从事网络技术专业的教学工作，同时也与业内知名企业合作紧密，在技能型人才配型方面有着独到的经验，本书旨在提供一本理实一体化教材，充分体现技能的培养。

　　本书内容安排以基础性和实践性为重点，力图在讲述路由与交换相关协议工作原理的基础上，注重对学生实践技能的培养。本书的主要特色是教学内容设计做到了理论与技术应用的对接，具有鲜明的专业教材特色，在理论上把各个协议的原理讲述透彻，在实验的设计方面以实际工程应用为基础，体现与实际工程接轨。

　　全书分为 7 章。

　　第 1 章主要讲述 VRP 的基础知识，以及华为 VRP 平台的基本操作。

　　第 2 章主要介绍以太网技术、虚拟局域网、生成树协议 STP 及以太网链路聚合技术。

　　第 3 章主要介绍路由原理与各类路由协议，主要涉及静态路由、RIP 协议、OSPF 协议、IS-IS 协议和 BGP 协议。

　　第 4 章介绍网络安全相关技术，包括 ACL、DHCP、NAT 和防火墙技术。

　　第 5 章介绍广域网互联技术，包括 HDLC、PPP 和帧中继。

　　第 6 章介绍虚拟专网 VPN 技术，包括 MPLS 和 BGP MPLS VPN 技术。

　　第 7 章以工程项目作为背景，综合分析实践路由与交换技术。

　　本书的编写团队由蒋建峰老师、蒋建锋老师和嘉环公司项目经理马强联合组成，全书由蒋建峰老师统稿。由于作者水平有限，书中难免存在错误和疏漏之处，敬请各位老师和同学指正，可发送邮件至 alaneroson@126.com。

编著者
2018 年 12 月

目 录

第 1 章 VRP 基础及操作 ······1

1.1 VRP 基础 ······1
- 1.1.1 VRP 平台介绍 ······1
- 1.1.2 配置环境搭建 ······2
- 1.1.3 VRP 配置基础 ······6

1.2 实训 VRP 平台基本操作 ······10
1.3 总结与习题 ······21

第 2 章 以太网交换技术 ······22

2.1 以太网原理 ······22
- 2.1.1 以太网数据链路层 ······22
- 2.1.2 以太网的帧格式 ······23
- 2.1.3 共享式以太网 ······24
- 2.1.4 交换式以太网 ······25

2.2 虚拟局域网 ······29
- 2.2.1 VLAN 概述 ······29
- 2.2.2 VLAN 的划分方式 ······30
- 2.2.3 VLAN 技术原理 ······32
- 2.2.4 VLAN 端口类型 ······35
- 2.2.5 VLAN 的基本配置 ······36

2.3 生成树协议 STP ······37
- 2.3.1 STP 的产生 ······37
- 2.3.2 STP 的基本原理 ······41
- 2.3.3 STP 端口状态 ······45

2.4 以太网端口技术 ······46
- 2.4.1 端口自协商技术 ······46
- 2.4.2 端口聚合技术 ······47

2.5 实训一 交换机 VLAN 配置 ······49
2.6 实训二 生成树协议 STP 配置 ······51
2.7 实训三 交换机链路聚合配置 ······59
2.8 总结与习题 ······61

第 3 章 路由的实现 ... 62

3.1 路由基础 ... 62
3.1.1 路由与路由器 ... 62
3.1.2 路由原理 ... 63
3.1.3 路由的来源 ... 65
3.1.4 路由的优先级 ... 68
3.1.5 路由的度量值 ... 69
3.1.6 VLAN 间通信 ... 72

3.2 动态路由协议基础 ... 74
3.2.1 动态路由协议概述 ... 74
3.2.2 动态路由协议分类 ... 75
3.2.3 动态路由协议的性能指标 ... 76

3.3 RIP 协议 ... 76
3.3.1 RIP 协议概述 ... 76
3.3.2 RIP 协议工作过程 ... 77
3.3.3 RIP 协议的配置 ... 78

3.4 OSPF 协议 ... 78
3.4.1 OSPF 协议概述 ... 78
3.4.2 OSPF 协议工作过程 ... 79
3.4.3 OSPF 协议报文 ... 82
3.4.4 OSPF 网络类型 ... 83
3.4.5 OSPF 区域 ... 85
3.4.6 路由引入 ... 86
3.4.7 OSPF 配置 ... 88

3.5 IS-IS 协议 ... 88
3.5.1 IS-IS 协议概述 ... 88
3.5.2 IS-IS 区域划分、路由器类型和邻接关系 ... 90
3.5.3 IS-IS 协议工作过程 ... 92
3.5.4 IS-IS 协议报文 ... 94
3.5.5 路由引入 ... 96
3.5.6 路由渗透 ... 96
3.5.7 IS-IS 配置 ... 97

3.6 BGP 协议 ... 97
3.6.1 BGP 协议概述 ... 97
3.6.2 BGP 协议工作过程 ... 98

3.6.3　BGP 协议报文 ········· 99
　　　3.6.4　BGP 路径属性 ········· 100
　　　3.6.5　BGP 路径选择 ········· 103
　3.7　虚拟路由冗余 VRRP 协议 ········· 103
　　　3.7.1　VRRP 工作原理 ········· 103
　　　3.7.2　VRRP 协议报文 ········· 105
　　　3.7.3　VRRP 工作方式 ········· 106
　　　3.7.4　VRRP 基本配置 ········· 107
　3.8　实训一　静态路由配置 ········· 108
　3.9　实训二　默认路由配置 ········· 110
　3.10　实训三　RIPv2 配置 ········· 112
　3.11　实训四　OSPF 单区域配置 ········· 115
　3.12　实训五　OSPF 多区域配置 ········· 119
　3.13　实训六　RIP、OSPF 路由引入 ········· 123
　3.14　实训七　BGP 协议配置 ········· 130
　3.15　总结与习题 ········· 137

第 4 章　网络安全技术 ········· 139

　4.1　ACL 技术 ········· 139
　　　4.1.1　ACL 概述 ········· 139
　　　4.1.2　ACL 工作原理 ········· 140
　　　4.1.3　通配符掩码 ········· 141
　　　4.1.4　ACL 匹配顺序 ········· 142
　4.2　DHCP 技术 ········· 143
　　　4.2.1　DHCP 概述 ········· 143
　　　4.2.2　DHCP 的组网方式 ········· 143
　　　4.2.3　DHCP 协议报文 ········· 145
　　　4.2.4　DHCP 工作过程 ········· 145
　4.3　NAT 技术 ········· 147
　　　4.3.1　NAT 概述 ········· 147
　　　4.3.2　基本地址转换 ········· 148
　　　4.3.3　端口地址转换 ········· 149
　4.4　防火墙技术 ········· 150
　　　4.4.1　防火墙概述 ········· 150
　　　4.4.2　防火墙的安全区域 ········· 151

4.5　实训一　基本 ACL 配置 ……………………………………………………… 153
　　4.6　实训二　DHCP 的配置与实现 ………………………………………………… 156
　　4.7　实训三　防火墙 NAT 的配置与实现 …………………………………………… 158
　　4.8　总结与习题 ……………………………………………………………………… 160

第 5 章　广域网互联技术 ……………………………………………………………… 161

　　5.1　HDLC 协议 ……………………………………………………………………… 161
　　5.2　PPP 协议 ………………………………………………………………………… 162
　　　　5.2.1　PPP 协议概述 ……………………………………………………………… 162
　　　　5.2.2　PPP 协议工作流程 ………………………………………………………… 163
　　　　5.2.3　PPP 协议的认证 …………………………………………………………… 164
　　　　5.2.4　PPPoE 协议 ………………………………………………………………… 165
　　5.3　帧中继协议 ……………………………………………………………………… 166
　　　　5.3.1　帧中继协议概述 …………………………………………………………… 166
　　　　5.3.2　帧中继协议的帧结构 ……………………………………………………… 167
　　　　5.3.3　帧中继协议的带宽管理 …………………………………………………… 168
　　　　5.3.4　帧中继协议的分配 ………………………………………………………… 169
　　　　5.3.5　帧中继协议的寻址 ………………………………………………………… 169
　　5.4　实训一　HDLC 互联配置 ……………………………………………………… 170
　　5.5　实训二　PPP 互联配置 ………………………………………………………… 171
　　5.6　实训三　帧中继协议的配置与实现 …………………………………………… 173
　　5.7　总结与习题 ……………………………………………………………………… 174

第 6 章　虚拟专网 VPN 技术 ………………………………………………………… 176

　　6.1　MPLS ……………………………………………………………………………… 176
　　　　6.1.1　MPLS 概述 ………………………………………………………………… 176
　　　　6.1.2　MPLS 结构 ………………………………………………………………… 177
　　　　6.1.3　MPLS 标签格式 …………………………………………………………… 178
　　　　6.1.4　MPLS 转发流程 …………………………………………………………… 179
　　6.2　BGP MPLS VPN ………………………………………………………………… 181
　　　　6.2.1　MPLS VPN 概述 …………………………………………………………… 181
　　　　6.2.2　BGP MPLS VPN 基本工作原理 …………………………………………… 183
　　　　6.2.3　BGP MPLS VPN 路由传递 ………………………………………………… 184
　　　　6.2.4　BGP MPLS VPN 标签分配过程 …………………………………………… 188
　　　　6.2.5　BGP MPLS VPN 数据转发过程 …………………………………………… 188

6.3　实训　BGP MPLS VPN 配置 …… 189
6.4　总结与习题 …… 194

第 7 章　项目综合分析 …… 195

7.1　项目需求 …… 195
7.2　业务功能分析 …… 196
7.3　任务分解 …… 197
7.4　网络基础部分项目实现 …… 197
　　7.4.1　网络地址规划 …… 197
　　7.4.2　网络设备基本配置 …… 200
7.5　局域网的组建部分项目实现 …… 204
　　7.5.1　VLAN 的配置与实现 …… 204
　　7.5.2　端口聚合的配置与实现 …… 207
　　7.5.3　STP 的配置与实现 …… 209
　　7.5.4　单臂路由的配置与实现 …… 212
　　7.5.5　三层交换的配置与实现 …… 214

第1章 VRP 基础及操作

本章导读

计算机网络诞生以来，伴随着信息技术的革新与发展，在经济、生活等各个方面扮演着越来越重要的角色。本章要求掌握 VRP 平台操作系统，掌握网络设备的基本操作，能对设备做简单的调试。

1.1 VRP 基础

1.1.1 VRP 平台介绍

VRP（Versatile Routing Platform）通用路由平台是华为公司数据通信产品使用的网络操作系统。它是运行于一定设备上的、提供网络接入及互联服务的系统软件。

VRP 通用路由平台（简称 VRP 平台）作为华为公司从低端到核心的全系列路由器、以太网交换机、业务网关等产品的软件核心引擎，实现统一的用户界面和管理界面；实现控制平面功能，并定义转发平面端口规范，实现各产品转发平面与 VRP 控制平面之间的交互；屏蔽各产品数据链路层对于网络层的差异。

随着网络技术和应用的飞速发展，VRP 平台在处理机制、业务能力、产品支持等方面也在持续演进。VRP 版本主要有 VRP1.x、VRP3.0～3.x、VRP5.10、VRP5.30、VRP5.70、VRP5.90，分别具有不同的业务能力和产品支持能力。

为了使单一软件平台能运行于各类路由器和交换机之上，VRP 软件模块采用了组件结构，各种协议和模块之间采用了开放的标准端口。VRP 由 GCP、SCP、DFP、SMP、SSP 五个平面组成，VRP 平台结构如图 1-1 所示。

通用控制平面（GCP）：支持网络协议簇，其中包括 IPv4 和 IPv6。它所支持的协议和功能包括 SOCKET、TCP/IP 协议、路由管理、各类路由协议、VPN、端口管理、链路层、MPLS、安全性能，以及对 IPv4 和 IPv6 的 QoS 支持。

业务控制平面（SCP）：基于 GCP 支持增值服务，包括连接管理、用户认证计费、用户策略管理、VPN、组播业务管理和维护与业务控制相关的 FIB。

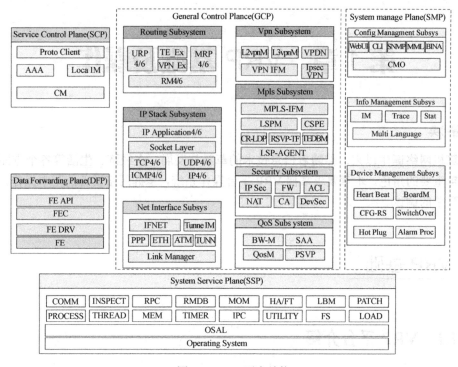

图 1-1 VRP 平台结构

数据转发平面（DFP）：为系统提供转发服务，由转发引擎和 FIB 维护组成。转发引擎可依照不同产品的转发模式通过软件或硬件实现，数据转发支持高速交换、安全转发和 QoS，并可通过开放端口支持转发模块的扩展。

系统管理平面（SMP）：具有系统管理功能，其外部与设备交互端口，对外控制输入、协议配置输入进行处理。在平台的配置和管理方面，VRP 可灵活引入一些网络管理机制，如命令行、NMP 和 Web 等。

系统服务平面（SSP）：支持公共系统服务，如内存管理、计时器、IPC、装载、转换、任务/进程管理和组件管理。

VRP 平台还具有支持产品许可证文件（License）的功能，可在不破坏原有服务的前提下根据需要调整各种特性和性能的范围。

1.1.2 配置环境搭建

系统支持的一般配置方式有以下三种：
- 通过 Console 口进行本地配置；
- 通过 Telnet 或 SSH 进行本地或远程配置；
- 通过 AUX 口进行本地或远程配置。

1. 通过 Console 口配置

以下两种情况只能通过 Console 口搭建配置环境：
① 路由器第一次上电；
② 无法通过 Telnet 或 AUX 口搭建配置环境。
通过 Console 口配置路由器的操作步骤如下。

（1）连接配置电缆

① 取出路由器随机配置的电缆。
② RJ45 端口一端接在路由器的 Console 口上。
③ 9 针（或 25 针）RS-232 端口一端接在计算机的串行口（COM）上，如图 1-2 所示。

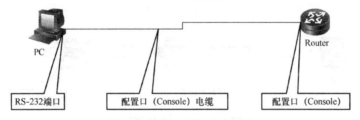

图 1-2　通过 Console 口配置

（2）创建超级终端

① 在计算机上运行终端仿真程序（Windows XP 的"超级终端"等）。
② 单击"开始"→"程序"→"附件"→"通信"→"超级终端"。
③ 单击"超级终端"目录后，出现"新建连接"选项卡，输入任意字符作为名字，选择使用相应的 COM 连接，单击"确定"按钮，出现图 1-3 所示的界面，在该界面中设置如下：9600bps、8 位数据位、无奇偶校验、1 位停止位和无流量控制，然后单击"OK"按钮，即可登录设备进行操作。

图 1-3　超级终端环境配置

通过 Console 口配置是网络设备的基本配置方法，也是在网络构建、设备调试过程中最常用到的方式。

2. 通过 Telnet 配置

如果路由器非第一次上电，而且用户已经正确配置了路由器各端口的 IP 地址，并配置了正确的登录验证方式和呼入/呼出受限规则。在配置终端与路由器通信正常的情况下，可以用 Telnet 通过局域网或广域网登录到路由器，对路由器进行配置，如图 1-4 所示。

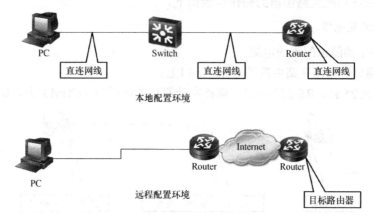

图 1-4　Telnet 配置环境

如果路由器和配置终端处于同一个局域网，可以采用如下两种方式分别进行配置：
- 使用标准直通网线，将 PC 等配置终端通过 Hub 或二层交换机与路由器相连；
- 使用交叉网线，将 PC 等配置终端与路由器直接相连。

采用本地配置方式时，PC 等配置终端的 IP 地址需要与路由器以太网口的 IP 地址处于同一网段。

如果路由器和配置终端之间跨越了广域网，则首先要保证配置终端与目标路由器之间存在可达路由且通信正常，然后才可以通过 Telnet 登录路由器，如图 1-5 所示。

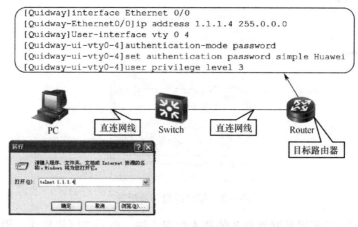

图 1-5　Telnet 配置举例

通过 Telnet 方式配置路由器之前，必须要在路由器上进行如下配置并保证配置终端和路由器维护网口之间通信正常，即从配置终端能够 ping 通路由器维护网口 IP 地址，另外还需要设置用户登录时使用的参数，包括对登录用户的验证方式。对登录用户的验证方式有以下三种：

① Password 验证：登录用户需要输入正确的口令；
② AAA 本地验证：登录用户需要输入正确的用户名和口令；
③ 不验证：登录用户不需要输入用户名或口令。但需要配置登录用户的权限。

详细设置与说明如下：

- 配置路由器的 IP 地址和 PC 的 IP 地址
#进入路由器接口视图
[Quidway]**interface Ethernet 0/0**
#为接口配置 IP 地址
[Quidway-Ethernet0/0]**ip address 1.1.1.4 255.0.0.0**

配置完路由器的 IP 地址，还需要配置 PC 的 IP 地址（如 1.1.1.2/8），完成配置后可以在 PC 上 ping 1.1.1.4，检查 PC 和路由器之间通信是否正常

- 配置 Telnet 方式登录时的密码
#进入 vty 用户视图，0 4 表示允许最多 5 个用户同时登录
[Quidway] **User-interface vty 0 4**
#选择验证模式为 password
[Quidway-ui-vty0-4] **authentication-mode password**
#配置验证时需要的密码为 Huawei
[Quidway-ui-vty0-4] **set authentication password simple Huawei**
#设置用户级别为管理级别
[Quidway-ui-vty0-4] **user privilege level 3**

完成上述配置后，即可以在 PC 上运行 telnet 1.1.1.4 登录路由器

3. 通过 AUX 口配置

通过 AUX 口配置路由器如图 1-6 所示，在配置终端的串口和路由器的 AUX 口分别连接 Modem，Modem 通过 PSTN 网络连接。

在路由器上需要进行以下配置：

#进入 aux 用户视图
[Quidway] **User-interface aux 0**
#选择验证模式为 password
[Quidway-ui-aux0] **authentication-mode password**
#配置验证时需要的密码为 Huawei
[Quidway-ui-aux0] **set authentication password simple Huawei**
#设置用户的权限

[Quidway-ui-aux0] **user privilege level 3**
#配置允许 Modem 呼入/呼出
[Quidway-ui-aux0] **modem both**
完成上述配置后，在 PC 上打开超级终端选择通过 Modem 连接登录路由器

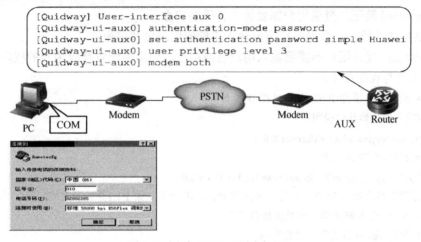

图 1-6　通过 AUX 口配置路由器

1.1.3　VRP 配置基础

登录路由器进入用户视图。在用户视图中用<>表示，如<Quidway>这个视图就是用户视图，如图 1-7 所示。在用户视图中只能执行文件管理、查看、调试等命令，不能够执行设备维护、配置修改等工作。如果需要对网络设备进行配置，必须在相应的视图模式下才可以进行。比如，需要对端口创建 IP 地址，那么就必须在端口视图下，用户只有首先进入到系统视图后，才能进入其他的子视图。

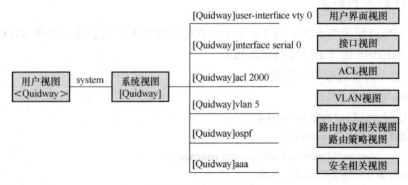

图 1-7　VRP 命令视图

从用户视图使用 System-view 命令可以切换到系统视图，从系统视图使用 Quit 命令可

以切换到用户视图。

从系统视图使用相关的业务命令可以进入其他业务视图，不同的视图下可以使用的命令也不同。系统命令采用分级方式，如图 1-8 所示。

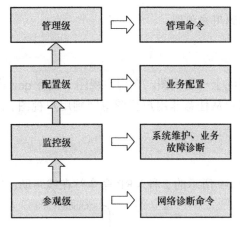

图 1-8　VRP 命令级别

系统命令从低到高划分为 4 个级别：

参观级：网络诊断工具命令（ping、tracert）、从本设备出发访问外部设备的命令（Telnet 客户端、SSH、Rlogin）等。

监控级：用于系统维护、业务故障诊断，包括 display、debugging 等命令。

配置级：业务配置命令，包括路由、各个网络层次的命令，向用户提供直接网络服务。

管理级：用于系统基本运行的命令，对业务提供支撑作用，包括文件系统、FTP、TFTP、Xmodem 下载、配置文件切换命令、备板控制命令、用户管理命令、命令级别设置命令、系统内部参数设置命令等。

系统对登录用户也划分为 4 级，分别与命令级别对应，即不同级别的用户登录后，只能使用等于或低于自己级别的命令。当用户从低级别用户切换到高级别用户时，需要使用命令：super password [level user-level] { simple | cipher } password 切换。

1．进入和退出系统视图

（1）从用户视图进入系统视图

```
<Quidway>system-view
Enter system view, return user view with Ctrl+Z
```

（2）从系统视图进入端口视图

```
[Quidway]interface Serial 0/0/0
[Quidway-Serial0/0/0]
```

（3）从端口视图退回到系统视图

[Quidway-Serial0/0/0]**quit**
[Quidway]

（4）从系统视图退回到用户视图

[Quidway]**quit**
<Quidway>

命令 quit 的功能是返回上一层视图，在用户视图下执行 quit 命令就会退出系统。

命令 return 可以使用户从任意非用户视图退回到用户视图。return 命令的功能也可以用组合键【Ctrl+Z】完成。

2．命令行在线帮助

命令行端口提供如图 1-9 所示的 2 种 VRP 命令行在线帮助：完全帮助和部分帮助。

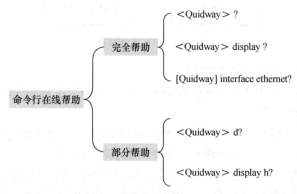

图 1-9　VRP 命令行在线帮助

<Quidway>?：在任一命令视图下，输入"?"获取该命令视图下所有的命令及其简单描述。

<Quidway>display ?：输入一命令后，接以空格分隔的"?"，如果该位置为参数，则列出有关的参数描述。

[Quidway]interface ethernet?：输入一字符串，其后紧接"?"，列出以该字符串开头的所有命令：

<3-3>　　Slot number

<Quidway>d?：输入一命令，后接一字符串紧接"?"，列出命令以该字符串开头的所有关键字：

Debugging delete dir display

<Quidway>display h?：输入命令的某个关键字的前几个字母，按【tab】键，可以显示出完整的关键字：history-command。

命令行端口提供了基本的命令编辑功能，支持多行编辑，每条命令的最大长度为 256 个字符。部分功能键介绍如表 1-1 所示。

表 1-1　部分功能键介绍

功 能 键	功　　　能
普通按键	字符输入
退格键【Back Space】	删除光标位置的前一个字符
左光标键【←】或组合键【Ctrl+B】	光标向左移动一个字符位置
右光标键【→】或组合键【Ctrl+F】	光标向右移动一个字符位置
组合键【Ctrl+A】	将光标移动到当前行的开头
组合键【Ctrl+E】	将光标移动到当前行的末尾
组合键【Ctrl+C】	停止当前正在执行的功能
删除键【Delete】	删除光标位置字符
上、下光标键【↑】【↓】	显示历史命令
【Tab】键	输入不完整的关键字后按【Tab】键，系统自动执行部分帮助

3. 历史命令查询

命令行端口将用户输入的历史命令自动保存，用户可以随时调用命令行端口保存的历史命令，并重复执行。VRP 历史命令查询如表 1-2 所示。默认状态下，命令行端口为每个用户最多保存 10 条历史命令。

表 1-2　VRP 历史命令查询

命令或功能键	功　　能	命令或功能键	功　　能
display history-command	显示历史命令	下光标键【↓】或组合键【Ctrl+N】	访问下一条历史命令
上光标键【↑】或组合键【Ctrl+P】	访问上一条历史命令		

- display history-command：显示用户输入的历史命令；
- 上光标键【↑】或组合键【Ctrl+P】：如果还有更早的历史命令，则取出上一条历史命令，否则响铃警告；
- 下光标键【↓】或组合键【Ctrl+N】：如果还有更晚的历史命令，则取出下一条历史命令，否则清空命令，响铃警告。

在使用历史命令功能时，需要注意以下两点：

① VRP 保存的历史命令与用户输入的命令格式相同，如果用户使用了命令的不完整形式，保存的历史命令也是不完整形式。

② 如果用户多次执行同一条命令，VRP 的历史命令中只保留最早的一次。但如果执行时输入的形式不同，将作为不同的命令对待；如多次执行"display ip routing-table"命令，历史命令中只保存一条。如果执行"disp ip routing"命令和"display ip routing-table"命令，将保存为两条历史命令。

1.2 实训　VRP 平台基本操作

1. 实验目的

掌握通过 Windows XP 系统自带超级终端连接到路由器的配置方法；掌握配置设备名称、时间及时区的方法；掌握配置 Console 口空闲超时的方法；掌握配置登录密码的方法；掌握保存和删除配置文件的方法；掌握路由器接口配置 IP 地址的方法；掌握直连的两个路由器之间的连通测试方法；掌握使用通过 Telnet 一台路由器控制另外一台路由器的配置方法；掌握使用 FTP 将配置文件从一台路由器备份到另一台路由器的方法；掌握重启路由器的方法。

2. 实验拓扑

VRP 操作实验拓扑如图 1-10 所示。

3. 配置流程

配置流程如图 1-11 所示。

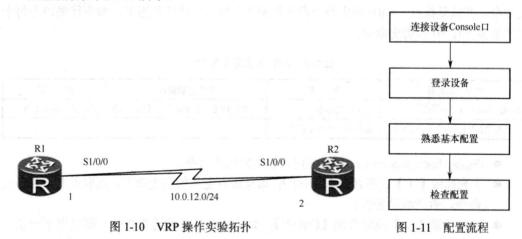

图 1-10　VRP 操作实验拓扑　　　　图 1-11　配置流程

4. 配置步骤

step1：设备连接。

通过 Windows XP 系统自带超级终端连接路由器的方法。

用 Console 线缆将计算机连接至路由器的 Console 接口。在计算机上打开超级终端仿真程序（如 Windows XP 的超级终端或者 SecureCRT），建立一个新的连接。这里的名称和图标没有特殊意义，可以随意定义选择（SecureCRT 则必须如图 1-12D 所示）。

图 1-12 Console 连接

在拥有多个 COM 口的计算机上，请注意选择正确的 COM 接口，一般情况下计算机的串口为 COM1。查看方式为单击"设备管理器"选项，在右侧的"端口和 LPT"选项中可以查到端口编号。

① 对于超级终端：在"COM1 属性"界面中，单击"还原为默认值"按钮，即可快速得到正确的参数信息配置，然后单击"确定"按钮进行连接。

② 对于 SecureCRT："文件"→"快速连接"，在弹出的窗口图 1-12（D）中配置即可。

打开电源，开启路由器。如果以上参数设置正确，终端窗口会有启动过程文字出现，指导启动完毕，提示用户按【Enter】键。用户视图的命令行提示符，如<Huawei>会出现，至此用户就进入了用户视图配置环境。

注意：大多数华为设备均是如此操作，部分设备出于安全考虑，在启动完成后初始化时，需要用户配置口令，口令通常需要输入两次并且符合一定的复杂性要求。

step2：显示系统信息。

首先可以使用 display version 命令显示系统软件版本及硬件等信息。

<Huawei>display version
Huawei Versatile Routing Platform Software
VRP (R) software, **Version 5.90** (AR2200 V200R001C01SPC300)
Copyright (C) 2017 HUAWEI TECH CO., LTD
Huawei **AR2220** Router **uptime is 0 week, 0 day, 0 hour, 2 minutes**

BKP 0 version information:
…output omit…

注意：其中可以看到 VRP 操作系统的版本、设备的型号、启动时间等信息。

step3：修改和查看系统时间参数。

系统会自动保存时间，但是如果时间错了，可以在用户视图下使用 clock datetime 命令修改系统日期和时间。

<Huawei>**clock datetime 12:00:00 2017-09-15**
使用 display clock 命令查看当前系统日期和时间。
<Huawei>**display clock**
2017-09-15 12:00:21
Thursday
Time Zone(Default Zone Name) : UTC+00:00

step4：使用【?】键和【Tab】键。

<Huawei>**display ?**
aaa AAA
access-user User access
accounting-scheme Accounting scheme
acl <Group> acl command group
adp-ipv4 Ipv4 information
adp-mpls Adp-mpls module
anti-attack Specify anti-attack configurations
arp <Group> arp command group
arp-limit Display the number of limitation
atm ATM status and configuration information
authentication-scheme Authentication scheme
authorization-scheme Display AAA authorization scheme
…output omit…

在输入信息后再输入"?"可查看以输入的字母开头的命令。如输入"dis?"，设备将输出所有以 dis 开头的命令。

在输入的信息后增加空格，再输入"?"，这时设备将尝试识别输入的信息对应的命令，然后输出该命令的其他参数。如输入"dis ?"，如果只有 display 命令是以 dis 开头的，那么设备将输出 display 命令的参数，如上所示；如果以 dis 开头的命令还有其他的，设备将报错。

另外可以使用键盘上的【Tab】键补全命令，比如输入"dis"后，按【Tab】键可以将命令补全为"display"。如有多个以"dis"开头的命令存在，则在多个命令之间循环切换。

命令在不发生歧义的情况下可以使用简写，如"display"可以简写为"dis"或"disp"等；"interface"可以简写为"int"或"inter"等。

step5：进入系统视图界面。

使用 system-view 命令可以进入系统视图，这样才可以配置接口、协议等内容。

    \<Huawei>**system-view**
    Enter system view, return user view with Ctrl+Z.
    [Huawei]

step6：修改设备名称。

配置设备时，为了便于区分配置的设备，往往给设备定义不同的名称。如下依照实验拓扑（见图 1-10），修改设备名称。

更改 R1 路由器的系统名称为 R1，R2 路由器的系统名称为 R2。

    [Huawei]**sysname R1**
    [R1]

    [Huawei]**sysname R2**
    [R2]

step7：配置 Console 口的登录认证方式及空闲超时时间。

默认情况下，通过 Console 口登录无密码，任何人都可以直接连接到设备，进行配置。为了避免由此带来的风险，可以将 Console 接口登录方式配置为密码认证方式，密码为明文形式的"huawei"（部分设备和固件不支持明文方式或有复杂性要求）。

空闲超时时间指的是经过没有任何操作的一定时间后，会自动退出该配置界面，再次登录会根据系统要求，提示输入密码进行验证。设置空闲超时时间为 20 分钟，默认为 10 分钟。

    [R1]**user-interface console 0**
    [R1-ui-console0]**authentication-mode password**
    [R1-ui-console0]**set authentication password simple huawei**
    [R1-ui-console0]**idle-timeout 20 0**

使用 display this 命令检查配置结果。

    [R1-ui-console0]**display this**
    [V200R001C01SPC300]
    #
    user-interface con 0
      authentication-mode password
      set authentication password simple huawei
      idle-timeout 20 0

这时退出路由器尝试重新登录，测试重新登录是否需要输入密码。

    [R1-ui-console0]**return**
    \<R1>**quit**
    Password:
    Configuration console exit, please press any key to log on

Welcome to Huawei certification lab
<R1>

step8：接口 IP 配置及描述。

为 R1 的 S1/0/0 接口配置 IP 地址，配置 IP 地址时可以使用子网掩码长度，也可以使用完整的子网掩码，如掩码为 255.255.255.0，也可以使用 24 代替。

[R1]**interface Serial 1/0/0**
[R1-Serial1/0/0]**ip address 10.0.12.1 24**
[R1-Serial1/0/0]**description This interface connect to R2-S1/0/0**

使用 display this 命令检查配置结果。

[R1-Serial1/0/0]**display this**
[V200R001C01SPC300]
#
interface Serial1/0/0
link-protocol ppp
description This interface connect to R2-S1/0/0
ip address 10.0.12.1 255.255.255.0
#
Return

使用 display interface 命令查看接口详细信息。

[R1-Serial1/0/0]**display interface Serial1/0/0**
Serial1/0/0 current state : UP
Line protocol current state : UP
Last line protocol up time : 2017-09-15 17:38:48
Description:This interface connect to R2-S1/0/0
Route Port,The Maximum Transmit Unit is 1500, Hold timer is 10(sec)
Internet Address is 10.0.12.1/24
Link layer protocol is PPP
LCP opened, IPCP stopped
Last physical up time : 2017-09-16 17:38:45
Last physical down time : 2017-09-16 17:38:34
Current system time: 2017-09-16 17:42:58
Physical layer is synchronous, Baudrate is 64000 bps
Interface is DCE, Cable type is V35, Clock mode is DCECLK
Last 300 seconds input rate 2 bytes/sec 16 bits/sec 0 packets/sec
Last 300 seconds output rate 2 bytes/sec 16 bits/sec 0 packets/sec
Input: 212 packets, 2944 bytes
broadcasts: 0, multicasts: 0
errors: 0, runts: 0, giants: 0

```
        CRC: 0, align errors: 0, overruns: 0
        dribbles: 0, aborts: 0, no buffers: 0
        frame errors: 0
        Output: 216 packets, 2700 bytes
        errors: 0, underruns: 0, collisions: 0
        deferred: 0
        DCD=UP DTR=UP DSR=UP RTS=UP CTS=UP
        Input bandwidth utilization : 0.13%
        Output bandwidth utilization : 0.13%
    [R1-Serial1/0/0]
```

接口信息显示，接口物理状态和协议状态均为"UP"，对应物理层和数据链路层状态正常，此外还可以看到接口连接的线缆类型为 V35 DCE。

完成后配置 R2 的接口地址及其他相关信息。

```
    [R2]interface Serial 1/0/0
    [R2-Serial1/0/0]ip address 10.0.12.2 255.255.255.0
    [R2-Serial1/0/0]description This interface connect to R1-S1/0/0
    [R2-Serial1/0/0]
```

配置完成后，使用 ping 命令测试 R1 与 R2 之间的连通性。

```
    [R1]ping 10.0.12.2
      PING 10.0.12.2: 56 data bytes, press CTRL_C to break
      Reply from 10.0.12.2: bytes=56 Sequence=1 ttl=255 time=35 ms
      Reply from 10.0.12.2: bytes=56 Sequence=2 ttl=255 time=32 ms
      Reply from 10.0.12.2: bytes=56 Sequence=3 ttl=255 time=32 ms
      Reply from 10.0.12.2: bytes=56 Sequence=4 ttl=255 time=32 ms
      Reply from 10.0.12.2: bytes=56 Sequence=5 ttl=255 time=32 ms
      --- 10.0.12.2 ping statistics ---
      5 packet(s) transmitted
      5 packet(s) received
      0.00% packet loss
      round-trip min/avg/max = 32/32/35 ms
```

step9：Telnet 配置。

为 R1 配置 Telnet 登录方式为密码验证登录，设置密码为"huawei"，定义用户权限级别为 3。

```
    [R1]user-interface vty 0 4
    [R1-ui-vty0-4]authentication-mode password
    [R1-ui-vty0-4]set authentication password simple huawei
    [R1-ui-vty0-4]user privilege level 3
```

使用 display this 命令检查配置结果如下。

```
[R1-ui-vty0-4]display this
[V200R001C01SPC300]
#
user-interface con 0
authentication-mode password
set authentication password simple huawei
idle-timeout 20 0
user-interface vty 0 4
user privilege level 3
set authentication password simple huawei
user-interface vty 16 20
#
return
```

为 R2 配置 Telnet 登录方式为用户名+密码登录方式。

```
[R2]user-interface vty 0 4
[R2-ui-vty0-4]authentication-mode aaa
[R2-ui-vty0-4]quit
```

提示：使用 quit 命令可以退回到上一层视图，使用 return 命令则可以直接退回到用户视图。

```
[R2]aaa
[R2-aaa]local-user huawei password simple huawei
[R2-aaa]local-user huawei privilege level 15
[R2-aaa]local-user huawei service-type telnet
```

使用 display this 命令检查配置结果。

```
[R2-aaa]display this
[V200R001C01SPC300]
#
aaa
 authentication-scheme default
 authorization-scheme default
 accounting-scheme default
 domain default
 domain default_admin
 local-user admin password simple admin
 local-user admin service-type http
 local-user huawei password simple huawei
 local-user huawei privilege level 15
 local-user huawei service-type telnet
#
Return
```

从 R1 使用 Telnet 方式登录到 R2。

```
<R1>telnet 10.0.12.2
Press CTRL_] to quit telnet mode
Trying 10.0.12.2 ...
Connected to 10.0.12.2 ...
Login authentication
Username:huawei
Password:
------------------------------------------------------------------------
User last login information:
------------------------------------------------------------------------
Access Type: Telnet
IP-Address : 10.0.12.1
Time : 2017-09-14 13:19:59+00:00
------------------------------------------------------------------------
<R2>
```

使用 Telnet 成功登录到 R2。

使用 Telnet 工具从 R2 登录到 R1。

```
<R2>telnet 10.0.12.1
Press CTRL_] to quit telnet mode
Trying 10.0.12.1 ...
Connected to 10.0.12.1 ...
Login authentication
Password:
Welcome to Huawei certification lab
<R1>
```

使用 Telnet 成功登录到 R1。

step10：查看当前设备上存储的文件列表。

在用户视图下使用 dir 命令查看当前目录下的文件列表。

```
<R1>dir
Directory of sd1:/

Idx   AttrSize(Byte)    Date           Time(LMT)     FileName
0     -rw-1,738,816     Sep 14 2017    11:50:24      web.zip
1     -rw-68,288,896    Jul 12 2017    14:17:58      ar2220_V200R001C01SPC300.cc

1,927,476 KB total (1,856,548 KB free)
<R2>dir
Directory of sd1:/

Idx   AttrSize(Byte)    Date           Time(LMT)     FileName
```

| 0 | -rw-1,738,816 | Sep 14 2017 | 11:50:58 | web.zip |
| 1 | -rw-68,288,896 | Jul 12 2017 | 14:19:02 | ar2220_V200R001C01SPC300.cc |

1,927,476 KB total (1,855,076 KB free)

使用 FTP 功能在 R1 与 R2 之间上传和下载文件，在本实验中 R1 作为 FTP 客户端，路由器默认为 FTP 客户端；R2 配置为 FTP 服务器。

在 R2 上启用 FTP 服务器功能。

```
[R2]ftp server enable
Info: Succeeded in starting the FTP server
[R2]set default ftp-directory sd1:/
[R2]aaa
[R2-aaa]local-user ftpuser password cipher huawei
[R2-aaa]local-user ftpuser service-type ftp
[R2-aaa]local-user ftpuser privilege level 15
```

尝试从 R1 用 FTP 工具登录到 R2。

```
<R1>ftp 10.0.12.2
Trying 10.0.12.2 ...
Press CTRL+K to abort
Connected to 10.0.12.2.
220 FTP service ready.
User(10.0.12.2:(none)):ftpuser
331 Password required for ftpuser.
Enter password:
230 User logged in.
[R1-ftp]
```

此提示符表示已经成功登录到 R2 FTP 服务器，将 R1 上的文件通过 FTP 的方式传送到 R2。

```
[R1-ftp]put hq-r.cfg file-from-R1.bak
200 Port command okay.
150 Opening ASCII mode data connection for file-from-R1.bak.
226 Transfer complete.
FTP: 0 byte(s) sent in 0.627 second(s) 0.00byte(s)/sec.
[R1-ftp]
```

提示：在实际实验设备上源文件名可能不同，注意修改，请在 R1 用户视图模式下使用 dir 命令查看文件列表中的文件名，并使用 dir 命令查看传送结果。

```
[R1-ftp]dir
200 Port command okay.
150 Opening ASCII mode data connection for *.
-rwxrwxrwx 1 noone nogroup 1738816 Sep 14 11:50 web.zip
```

```
-rwxrwxrwx 1 noone nogroup 68288896 Jul 12 14:19
ar2220_V200R001C01SPC300.cc
-rwxrwxrwx 1 noone nogroup 0 Sep 14 14:10 file-from-r1.bak
226 Transfer complete.
FTP: 551 byte(s) received in 0.619 second(s) 890.14byte(s)/sec.
```

以上列表显示的文件为 R2 FTP 服务器上的文件列表,将文件"file-from-r1.bak"从 R2 下载到 R1,并更名为"file-from-r2.bak"。

```
[R1-ftp]get file-from-r1.bak file-from-r2.bak
200 Port command okay.
150 Opening ASCII mode data connection for file-from-r1.bak.
226 Transfer complete.
FTP: 0 byte(s) received in 0.591 second(s) 0.00byte(s)/sec.
```

退出 FTP 服务器并查看 R1 上的文件列表,确认已成功下载的文件"file-from-r2.bak"。

```
[R1-ftp]quit
221 Server closing.
<R1>dir
Directory of sd1:/

Idx  Attr  Size(Byte)   Date         Time(LMT)    FileName
0    -rw-  1,738,816    Sep 16 2017  18:44:54     web.zip
1    -rw-  68,288,896   Jul 12 2017  14:17:58     ar2220_V200R001C01SPC300.cc
2    -rw-  0            Sep 16 2017  19:13:00     file-from-r2.bak

1,927,476 KB total (1,856,548 KB free)
<R1>
```

删除 R2 上的文件"file-from-r1.bak"。

注意:只删除上面实验生成的两个文件"file-from-r1.bak""file-from-r2.bak",请勿随便删除其他文件,否则可能导致设备不能正常运行!

```
<R2>dir
Directory of sd1:/

Idx  Attr  Size(Byte)   Date         Time(LMT)    FileName
0    -rw-  1,738,816    Sep 14 2017  11:50:58     web.zip
1    -rw-  68,288,896   Jul 12 2017  14:19:02     ar2220_V200R001C01SPC300.cc
2    -rw-  0            Sep 14 2017  14:10:08     file-from-r1.bak

1,927,476 KB total (1,855,076 KB free)
<R2>delete /unreserved file-from-r1.bak
Warning: The contents of file sd1:/file-from-r1.bak cannot be recycled. Continue?
(y/n)[n]:y
Info: Deleting file sd1:/file-from-r1.bak...succeed.
```

"/unreserved"参数表示彻底删除该文件,不能恢复,请慎用。

```
<R2>dir
Directory of sd1:/
Idx  AttrSize(Byte)   Date         Time(LMT)   FileName
0    -rw-1,738,816    Sep 14 2017  11:50:58    web.zip
1    -rw-68,288,896   Jul 12 2017  14:19:02    ar2220_V200R001C01SPC300.cc

1,927,476 KB total (1,855,076 KB free)
```

对比之前的文件列表,确认文件"file-from-r1.bak"已删除。删除 R1 上的文件"file-from-r2.bak"。

```
<R1>delete /unreserved file-from-r2.bak
Warning: The contents of file sd1:/file-from-r2.bak cannot be recycled. Continue?
(y/n)[n]:y
Info: Deleting file sd1:/file-from-r2.bak...succeed.
<R1>dir
Directory of sd1:/
Idx  AttrSize(Byte)   Date         Time(LMT)   FileName
0    -rw-1,738,816    Sep 16 2017  18:44:54    web.zip
1    -rw-68,288,896   Jul 12 2017  14:17:58    ar2220_V200R001C01SPC300.cc

1,927,476 KB total (1,856,548 KB free)
<R1>
```

step11:管理配置文件。

保存当前的配置文件。

```
<R1>save
The current configuration will be written to the device.
Are you sure to continue? (y/n)[n]:y
It will take several minutes to save configuration file, please wait............
Configuration file had been saved successfully
Note: The configuration file will take effect after being activated
```

显示以保存的配置文件。

```
<R1>display saved-configuration
[V200R001C01SPC300]
#
sysname R1
#
board add 0/1 1SA
board add 0/2 1SA
……output omit……
```

显示当前生效的配置信息。

```
<R1>display current-configuration
[V200R001C01SPC300]
#
sysname R1
#
board add 0/1 1SA
board add 0/2 1SA
board add 0/3 2FE
……output omit……
```

清除存储的配置文件。

```
<R1>reset saved-configuration
This will delete the configuration in the flash memory.
The device configurations will be erased to reconfigure.
Are you sure? (y/n)[n]:y
Clear the configuration in the device successfully.
<R1>
```

step12：重启路由器。

使用 reboot 命令重启路由器。

```
<R1>reboot
Info: The system is now comparing the configuration, please wait.
Warning: All the configuration will be saved to the next startup configuration.
Continue ? [y/n]:n
System will reboot! Continue ? [y/n]:y
Info: system is rebooting ,please wait...
```

系统会提示是否保存当前配置，请根据实验需要进行选择，如果不确定，请使用不保存配置，进行重启。

1.3 总结与习题

① OSI 参考模型分哪几层？各层具有哪些功能？

② 168.1.88.10 是哪类 IP 地址？它的默认网络掩码是多少？如果对其进行子网划分，子网掩码为 255.255.240.0，请问有多少个子网？每个子网有多少个主机地址可以用？

③ 某公司分配到 C 类地址 201.222.5.0，假设需要 20 个子网，每个子网有 5 台主机，该如何划分子网？

④ VRP 系统中命令级别分为哪几种？命令视图有哪些？

第 2 章 以太网交换技术

本章导读

早在 1973 年 Robert Metcalfe 博士便研制出了以太网的实验室原型系统，运行速度是 3Mbps，随后 1982 年以太网协议被 IEEE 采纳成为标准。以太网经过三十多年的发展已经成为局域网的标准，速度更到达惊人的 10 000Mbps。以太网技术作为局域网链路层标准战胜了其他各类局域网技术，成为局域网事实标准。以太网技术当前在局域网范围市场占有率超过 90%。以太网接入采用异步工作方式，很适于处理 IP 突发数据流。另外，以太网技术已有重要变化和突破（LAN 交换、星状布线、大容量 MAC 地址存储及管理性等）。与传统的以太网相比，除了名字以外，只有帧结构和简单性仍然保留，其余基本特征已有根本性变化。

2.1 以太网原理

2.1.1 以太网数据链路层

IEEE 将局域网的数据链路层划分为 LLC（Logical Link Control，逻辑链路控制）和 MAC（Medium Access Control，介质访问控制层）两个子层。LLC 子层实现数据链路层与硬件无关的功能，如流量控制、差错恢复等；MAC 子层提供 LLC 子层和物理层之间的端口，不同局域网的 MAC 子层不同，LLC 子层相同。

LLC 子层负责识别协议类型并对数据进行封装以便通过网络进行传输。为了区别网络层数据类型，实现多种协议复用链路，LLC 子层用 SAP（Service Access Point，服务访问点）标志上层协议。LLC 子层包括两个服务访问点：SSAP（Source Service Access Point，源服务访问点）和 DSAP（Destination Service Access Point，目的服务访问点），分别用于标志发送方和接收方的网络层协议。

MAC 子层具有以下功能：提供物理链路的访问；提供链路级的站点标志；提供链路级的数据传输。MAC 子层用 MAC 地址来标志唯一的站点。MAC 地址有 48bit，通常转换成 12bit 的十六进制数，这个数分成三组，每组有四个数字，中间以点分开，如图 2-1 所示。MAC 地址有时也称为点分十六进制数，它一般烧入 NIC（网络端口控制器）中。

为了确保 MAC 地址全球唯一，由 IEEE 对这些地址进行管理。每个地址由两部分组成，分别是供应商代码和序列号。供应商代码代表 NIC 制造商的名称，它占用 MAC 的前六位十六进制数字，即 24bit 二进制数字。序列号由设备供应商管理，它占用剩余的 6 位地址，即最后的 24bit 二进制数字。华为网络产品的 MAC 地址前六位十六进制数是 0x00e0fc。

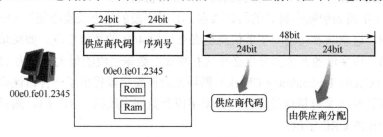

图 2-1 MAC 地址

在具体应用中，常见的特殊 MAC 地址如下：
① 如果 48bit 全是 1，则表明该地址是广播地址；
② 如果第 8 位是 1，则表示该地址是组播地址。

在目的地址中，地址的第 8 位表明该帧将要发送给单个站点还是一组站点。在源地址中，第 8 位必须为 0（因为一个帧是不会从一组站点发出的），站点地址确定是至关重要的，一个帧的目的地址不能是模糊的。

2.1.2 以太网的帧格式

在以太网的发展历程中，以太网的帧格式出现过多个版本。目前正在应用的为 DIX（Dec、Intel、Xerox）的 Ethernet_II 帧格式和 IEEE 的 IEEE 802.3 帧格式。

1. Ethernet_II 帧格式

Ethernet_II 帧格式由 DEC、Intel 和 Xerox 在 1982 年公布，由 Ethernet_I 修订而来。Ethernet_II 的帧格式如图 2-2 所示。

6B	6B	2B	46～1500B	4B
DMAC	SMAC	Type	Data	CRC

图 2-2 Ethernet_II 的帧格式

① DMAC（Destination MAC）是目的地址。由 DMAC 确定帧的接收者。
② SMAC（Source MAC）是源地址。SMAC 字段标志发送帧的工作站。
③ Type 是类型字段，用于标志数据字段中包含的高层协议，该字段取值大于 1500B。
在以太网中，多种协议可以在局域网中同时共存。因此，在 Ethernet_II 的类型字段中设置相应的十六进制值提供了在局域网中支持多协议传输的机制。

- 类型字段取值为 0800 的帧代表 IP 协议帧；
- 类型字段取值为 0806 的帧代表 ARP 协议帧；
- 类型字段取值为 8035 的帧代表 RARP 协议帧；
- 类型字段取值为 8137 的帧代表 IPX 和 SPX 协议帧。

④ Data 该字段表明帧中封装的具体数据。数据字段的最小长度必须为 46B，以保证帧长至少为 64B，这意味着传输一字节信息也必须使用 46B 的数据字段。如果填入该字段的信息少于 46B，该字段的其余部分也必须进行填充。数据字段的最大长度为 1500B。

⑤ CRC（Cyclic Redundancy Check）循环冗余校验字段提供了一种错误检测机制。每一个发送器都计算一个包括地址字段、类型字段和数据字段的 CRC 码，然后将计算出的 CRC 码填入 4B 的 CRC 字段。

2. IEEE 802.3 帧格式

IEEE 802.3 帧格式是由 Ethernet_II 帧发展而来的。它将 Ethernet_II 帧的 Type 域用 Length 域取代，并且占用了 Data 字段的 8B 作为 LLC 和 SNAP 字段。IEEE 802.3 帧格式如图 2-3 所示。

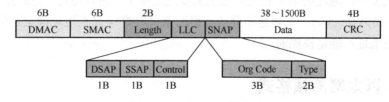

图 2-3　IEEE 802.3 帧格式

① Length 定义了 Data 字段包含的字节数。该字段取值小于或等于 1500B（大于 1500B 标示帧格式为 Ethernet_II）。

② LLC（Logical Link Control）由目的服务访问点（DSAP）、源服务访问点（SSAP）和控制（Control）字段组成。

③ SNAP（Sub-Network Access Protocol）由机构代码（Org Code）和类型（Type）字段组成。Org Code 三个字节都为 0。Type 字段的含义与 Ethernet_II 帧中的 Type 字段相同。

其他字段与 Ethernet_II 帧的字段相同。

2.1.3　共享式以太网

同轴电缆是以太网发展初期所使用的连接线缆，它是物理层设备。通过同轴电缆连接起来的设备共享信道，即在每一个时刻，只能有一台终端主机在发送数据，其他终端处于侦听状态，不能发送数据。这种情况被称为网络中所有设备共享同轴电缆的总线带宽。

集线器（Hub）是一个物理层设备，它提供网络设备之间的直接连接或多重连接。集线器功能简单、价格低廉，在早期的网络中随处可见。在集线器连接的网络中，每个时刻只能有一个端口在发送数据。它的功能是把从一个端口接收到的比特流从其他所有端口转发出去，如图 2-4 所示为 Hubr 的工作过程。因此，用集线器连接的所有站点也处于一个冲突域之中。当网络中有两个或多个站点同时进行数据传输时，将会产生冲突。因此，利用集线器所组成的网络表面上为星状，但是实际仍为总线型。

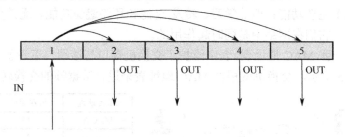

图 2-4　Hub 的工作过程

Hub 与同轴电缆都是典型的共享式以太网所使用的设备，工作在 OSl 模型的物理层。Hub 和同轴电缆所连接的设备位于一个冲突域中，域中的设备共享带宽。因此，共享式以太网所能连接的设备数量有一定限制，否则将导致冲突不断，网络性能受到严重影响。另外，共享式以太网利用 CSMA/CD（Carrier Sense Multiple Access/Collision Detection，带冲突检测的载波监听多路访问）机制来检测及避免冲突。

CSMA/CD 的工作过程如下。
- **发前先听**：在发送数据之前进行监听，以确保线路空闲，减少冲突的机会。如果空闲，则立即发送；如果繁忙，则等待。
- **边发边听**：在发送数据过程中，不断检测是否发生冲突（通过检测线路上的信号是否稳定判断冲突）。
- **遇冲退避**：如果检测到冲突，立即停止发送，等待一个时间（退避）。
- **重新尝试**：当随机时间结束后，重新开始发送尝试。

从上面所讲的内容中，可以知道由集线器和中继器组建以太网的实质是一种共享式以太网，故共享式以太网所具有的弊端它基本上都有，如冲突严重、广播泛滥、无任何安全性。

2.1.4　交换式以太网

交换式以太网的出现有效地解决了共享式以太网的缺陷，它大大减小了冲突域的范围，显著提升网络的性能，并加强了网络的安全性。

目前在交换式以太网中经常使用的网络设备是交换机和网桥。网桥用于连接物理介质类型相同的局域网，主要应用在以太网环境中，又称之为透明网桥。透明的含义：首先连接在网桥上的终端设备并不知道所连接的是共享媒介还是交换设备，即设备对终端用户来说是透明的,其次透明网桥对其转发的帧结构不做任何改动与处理(VLAN 的 Trunk 线路除外)。本书不严格区分交换机与网桥,从某种意义上说,交换机就是网桥。

交换机与 Hub 一样同为具有多个端口的转发设备,在各个终端主机之间进行数据转发。但相对于 Hub 的单一冲突域,交换机通过隔离冲突域,使得终端主机可以独占端口的带宽,并实现全双工通信,所以交换式以太网的交换效率大大高于共享式以太网。

交换机有三个主要功能:地址学习、转发/过滤和环路避免功能。通常交换机的三个主要功能都被使用,它们在网络中是同时起作用的。

交换机内有一张 MAC 地址表,表中维护了交换机端口与该端口下设备 MAC 地址的对应关系,如图 2-5 所示。交换机就根据 MAC 地址表来进行数据帧的交换转发。

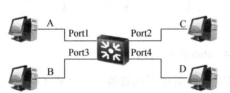

MAC 地址	所在端口
MAC A	1
MAC B	3
MAC C	2
MAC D	4

图 2-5　MAC 地址表

交换机基于目标 MAC(介质访问控制)地址做出转发决定,所以它必须"获取"MAC 地址的位置,才能准确地做出转发决定。

当交换机与物理网段连接时,其工作过程如图 2-6 所示,它会对监测到的所有帧进行检查。网桥读取帧的源 MAC 地址字段后与接收端口关联并记录到 MAC 地址表中。由于 MAC 地址表是保存在交换机内存之中的,所以当交换机启动时 MAC 地址表是空的。

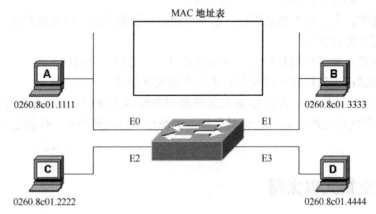

图 2-6　交换机工作过程(1)

此时工作站 A 给工作站 C 发送了一个单播数据帧,交换机通过 E0 口收到了这个数据帧,读取出帧的源 MAC 地址后将工作站 A 的 MAC 地址与端口 E0 关联,记录到 MAC 地址表中,此时交换机工作过程如图 2-7 所示。

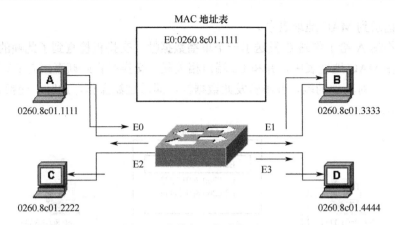

图 2-7 交换机工作过程（2）

由于此时这个帧的目的 MAC 地址对交换机来说是未知的，为了让这个帧能够到达目的地址，交换机执行洪泛的操作，即向除了进入端口外的所有其他端口转发。

所有的工作站都发送过数据帧后，交换机学习到了所有工作站的 MAC 地址与端口的对应关系并记录到 MAC 地址表中。

此时工作站 A 给工作站 C 发送了一个单播数据帧，交换机检查到了此帧的目的 MAC 地址已经存在于 MAC 地址表中，并和 E2 端口相关联，交换机将此帧直接向 E2 端口转发，即做转发决定。

工作站 D 发送一个帧给工作站 C 时，交换机执行相同的操作，通过这个过程交换机学习到了工作站 D 的 MAC 地址，与端口 E3 关联并记录到 MAC 地址表中，此时，交换机工作过程如图 2-8 所示。

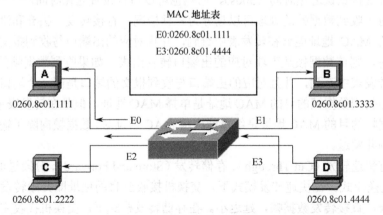

图 2-8 交换机工作过程（3）

由于此时这个帧的目的 MAC 地址对交换机来说仍然是未知的，为了让这个帧能够到达目的地址，交换机仍然执行洪泛的操作。

所有的工作站都发送过数据帧后，交换机学习到了所有工作站的 MAC 地址与端口的对应关系并记录到 MAC 地址表中。

此时工作站 A 给工作站 C 发送了一个单播数据帧，交换机检查到了此帧的目的 MAC 地址已经存在 MAC 地址表中，并和 E2 端口相关联，交换机将此帧直接向 E2 端口转发，即做转发操作。对其他的端口并不转发此数据帧，即做过滤操作，此时，交换机工作过程如图 2-9 所示。

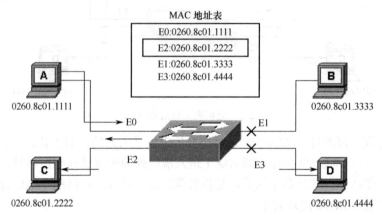

图 2-9　交换机工作过程（4）

对于同一个 MAC 地址，如果透明网桥先后学习到不同的端口，则后学到的端口信息覆盖先学到的端口信息，因此，不存在同一个 MAC 地址对应两个或更多出端口的情况。

对于动态学习到的转发表项，透明网桥会在一段时间后对表项进行老化，即将超过一定生存时间的表项删除掉。当然，如果在老化之前，重新收到该表项对应信息，则重置老化时间。系统支持默认老化时间（300s），用户也可以自行设置老化时间。

交换机对于收到数据帧的处理可以划分为三种情况：直接转发、丢弃和洪泛。当收到数据帧的目的 MAC 地址能够在转发表中查到，并且对应的出端口与收到报文的端口不是同一个端口时，则该数据帧从表项对应的出端口转发出去。如果收到数据帧的目的 MAC 地址能够在转发表中查到，并且对应的出端口与收到报文的端口是同一个端口，则该数据帧被丢弃。当收到数据帧的目的 MAC 地址是单播 MAC 地址，但是在转发表中查找不到，或者收到数据帧的目的 MAC 地址是组播或广播 MAC 地址时，数据帧向除了输入端口外的其他端口复制并发送。

交换机有快速转发（Cut Through）、存储转发（Store and Forward）、分段过滤（Fragment Free）三种交换模式。在快速转发模式下，交换机接收到目的地址即开始转发过程，交换机不检测错误，直接转发数据帧，延迟小。在存储转发模式下，交换机接收完整的数据帧后才开始转发过程，交换机检测错误，一旦发现错误数据包将会丢弃，数据交换延迟大，并且延迟的大小取决于数据帧的长度。在分段过滤模式下，交换机接收完数据包的前 64B（一个最短帧长度），然后根据帧头信息查表转发。此交换模式结合了快速转发模式和存储转发模式的优点。像快速转发模式一样不用等待接收完整的数据帧后再转发，只要接收了

64B 后,即可转发,并且同存储转发模式一样,可以提供错误检测,能够检测前 64B 的帧错误,并丢弃错误帧。

2.2 虚拟局域网

2.2.1 VLAN 概述

VLAN(Virtual Local Area Network,虚拟局域网)是一种通过将局域网内的设备逻辑地而不是物理地划分成一个个网段,从而实现虚拟工作组的技术。VLAN 将一个物理的 LAN 在逻辑上划分成多个广播域(多个 VLAN)。VLAN 内的主机间可以直接通信,而 VLAN 间不能直接互通。这样,广播报文被限制在一个 VLAN 内,同时提高了网络安全性。对 VLAN 的另一个定义是,它能够使单一的交换结构被划分成多个小的广播域。

VLAN 技术在以太网帧的基础上增加了 VLAN 头,用 VLAN ID 把用户划分为更小的工作组,每一个 VLAN 都包含一组有着相同需求的计算机工作站,与物理上形成的 LAN 有着相同的属性,如图 2-10 所示。但由于它是逻辑地而不是物理地划分,所以同一个 VLAN 内的各个工作站无须被放置在同一个物理空间里,即这些工作站不一定属于同一个物理 LAN 网段。一个 VLAN 内部的广播和单播流量都不会转发到其他 VLAN 中,从而有助于控制流量、减少设备投资、简化网络管理、提高网络的安全性。

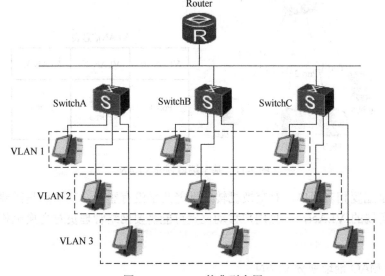

图 2-10 VLAN 的典型应用

VLAN 具有以下特点。

① 区段化。使用 VLAN 可将一个广播域分隔成多个广播域，相当于分隔出物理上分离的多个单独的网络。即将一个网络进行区段化，减少每个区段的主机数量，提高网络性能。

② 灵活性。VLAN 配置、成员添加、移去和修改都是通过在交换机上进行配置实现的。一般情况下无须更改物理网络与增添新设备及更改布线系统，所以 VLAN 提供了极大的灵活性。

③ 安全性。将一个网络划分 VLAN 后，不同 VLAN 内的主机间通信必须通过 3 层设备，而在 3 层设备上可以设置 ACL 等实现第 3 层的安全性，即 VLAN 间的通信是在受控的方式下完成的。相对于没有划分 VLAN 的网络，所有主机可直接通信而言，VLAN 提供了较高的安全性。另外，用户想加入某一个 VLAN 必须通过网络管理员在交换机上进行配置，相应地提高了安全性。

2.2.2 VLAN 的划分方式

VLAN 的划分方式也可以理解为 VLAN 的类型，下面将逐一介绍。

1. 基于端口划分 VLAN

根据交换设备的端口编号来划分 VLAN。网络管理员将端口划分为某个特定 VLAN 的端口，连接在这个端口的主机即属于这个特定的 VLAN。目前最普遍的 VLAN 划分方式为基于端口的划分方式，如图 2-11 所示。

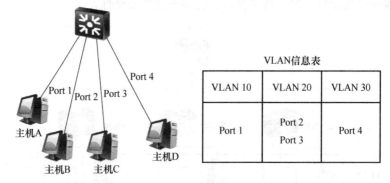

图 2-11 基于端口划分 VLAN

其优点是配置相对简单，对交换机转发性能几乎没有影响，其缺点是需要为每个交换机端口配置所属的 VLAN，一旦用户移动位置可能需要网络管理员对交换机相应端口进行重新设置。

2. 基于 MAC 地址划分 VLAN

根据交换机端口所连接设备的 MAC 地址来划分 VLAN。网络管理员成功配置 MAC

地址和 VLAN ID 映射关系表，如图 2-12 所示基于 MAC 地址划分 VLAN。如果交换机收到的是 Untagged（不带 VLAN 标签）帧，则依据该表添加 VLAN ID。

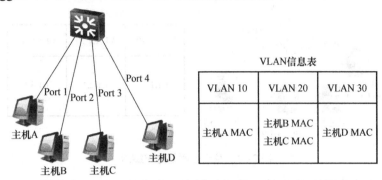

图 2-12　基于 MAC 地址划分 VLAN

该 VLAN 类型的优势表现在当终端用户的物理位置发生改变时，不需要重新配置 VLAN，提高了终端用户的安全性和接入的灵活性。但是由于网络上的所有 MAC 地址都需要掌握和配置，所以管理任务较重。

3. 基于协议划分 VLAN

根据端口接收到报文所属的协议类型及封装格式分配不同的 VLAN ID，即基于协议划分 VLAN，如图 2-13 所示。网络管理员需要配置以太网帧中的协议域和 VLAN ID 的映射关系表，如果收到的是 Untagged 帧，则依据该表添加 VLAN ID。

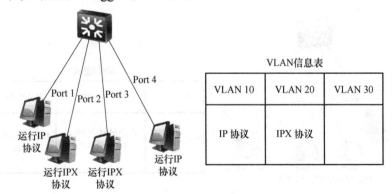

图 2-13　基于协议划分 VLAN

基于协议划分 VLAN，将网络中提供的服务类型与 VLAN 相绑定，可方便管理和维护。但是需要对网络中所有的协议类型和 VLAN ID 的映射关系表进行初始配置。

4. 基于子网划分 VLAN

如果交换设备收到的是 Untagged 帧，交换设备根据报文中的 IP 地址信息，确定添加的 VLAN ID。基于子网划分 VLAN 如图 2-14 所示。

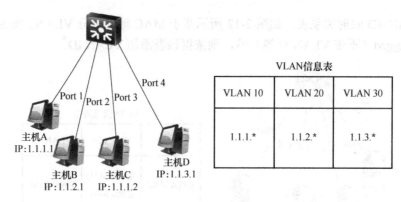

图 2-14　基于子网划分 VLAN

这种划分方式将网段或 IP 地址发出的报文在指定的 VLAN 中传输，减轻了网络管理者的任务量，且有利于管理。但是网络中的用户分布需要有规律，且多个用户在同一个网段。

5. 基于策略划分 VLAN

基于 MAC 地址、IP 地址、端口组合策略划分 VLAN 是指在交换机上配置终端的 MAC 地址和 IP 地址，并与 VLAN 关联，如图 2-15 所示。只有符合条件的终端才能加入指定 VLAN。符合条件的终端加入指定 VLAN 后，严禁修改 IP 地址或 MAC 地址，否则会导致终端从指定 VLAN 中退出。这种划分 VLAN 的方式安全性非常高，但是需要进行手工配置。

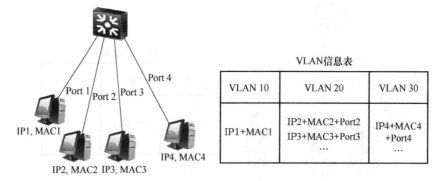

图 2-15　基于策略划分 VLAN

2.2.3　VLAN 技术原理

VLAN 技术为了实现转发控制，在待转发的以太网帧中添加 VLAN 标签，然后设定交换机端口对该标签和帧的处理方式。处理方式包括丢弃帧、转发帧、添加标签、移除标签。

转发帧时，通过检查以太网报文中携带的 VLAN 标签，是否为该端口允许通过的标签，可判断出该以太网帧是否能够从端口转发。VLAN 通信基本原理如图 2-16 所示，在该图中，假设有一种方法，将 A 发出的所有以太网帧都加上标签 5，此后查询二层转发表，根据目的 MAC 地址将该帧转发到 B 连接的端口。由于在该端口配置了仅允许 VLAN 1 通过，所以 A 发出的帧将被丢弃。以上意味着支持 VLAN 技术的交换机，转发以太网帧时不再仅仅依据目的 MAC 地址，同时还要考虑该端口的 VLAN 配置情况，从而实现对二层转发的控制。

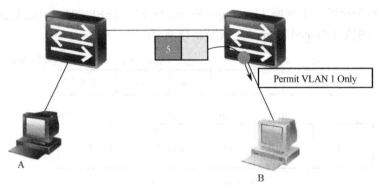

图 2-16　VLAN 通信基本原理

IEEE 802.1q 标准对 Ethernet 帧格式进行了修改，在源 MAC 地址字段和协议类型字段之间加入 4B 的 IEEE 802.1q Tag，如图 2-17 所示。

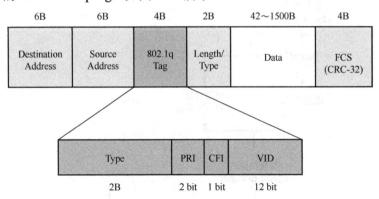

图 2-17　基于 IEEE 802.1q 的 VLAN 帧格式

IEEE 802.1q Tag 包含 4 个字段，其含义如下。

① Type：长度为 2B，表示帧类型。取值为 0x8100 时表示 IEEE 802.1q Tag 帧。如果不支持 IEEE 802.1q 的设备收到这样的帧，会将其丢弃。

② PRI（Priority）：长度为 2bit，表示帧的优先级，取值范围为 0~7，值越大优先级越高。用于当交换机阻塞时，会先发送优先级高的数据帧。

③ CFI（Canonical Format Indicator）：长度为 1bit，表示 MAC 地址是否为经典格式。

CFI 为 0 说明是经典格式,CFI 为 1 表示为非经典格式。用于区分以太网帧、FDDI(Fiber Distributed Digital Interface)帧和令牌环网帧。在以太网中,CFI 的值为 0。

④ VID(VLAN ID):长度为 12bit,表示该帧所属的 VLAN。可配置的 VLAN ID 取值范围为 0~4095,但是 0 和 4095 协议中规定为保留的 VLAN ID,不能给用户使用。另外交换机初始情况下有一个默认 VLAN,默认 VLAN 的 VLAN ID 为 1,初始情况下默认 VLAN 包含所有端口。

使用 VLAN 标签后,在交换网络环境中,以太网的帧有两种格式:没有加上 IEEE 802.1q Tag 标志的,称为标准以太网帧(Untagged Frame);加上 IEEE 802.1q Tag 标志的,称为带有 VLAN 标记的帧(Tagged Frame),如图 2-18 所示。

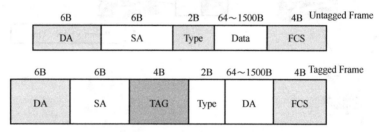

图 2-18　VLAN 标记的帧

VLAN 技术通过以太网帧中的标签,结合交换机端口的 VLAN 配置,实现对报文转发的控制,VLAN 转发流程如图 2-19 所示。

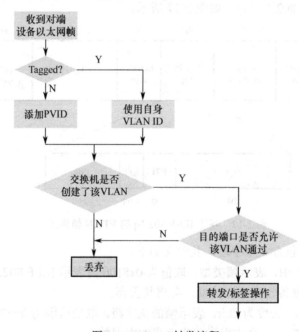

图 2-19　VLAN 转发流程

转发过程中，标签操作类型有两种：添加标签和移除标签。添加标签是对于 Untagged 帧添加 PVID，在端口收到对端设备的帧后进行。移除标签是删除帧中的 VLAN 信息，以 Untagged 帧的形式发送给对端设备。

2.2.4 VLAN 端口类型

为了提高处理效率，华为交换机内部的数据帧都带有 VLAN Tag，以统一方式处理。当一个数据帧进入交换机端口时，如果没有带 VLAN Tag，且该端口配置了 PVID（Port Default VLAN ID），那么该数据帧就会被标记上端口的 PVID。如果数据帧已经带有 VLAN Tag，那么即使端口已经配置了 PVID，交换机也不会再给数据帧标记 VLAN Tag 了。

由于端口类型不同，交换机对帧的处理过程也不同。

1. Access 端口

一般用于连接主机，当接收到不带 Tag 的报文时，接收该报文并打上默认 VLAN 的 Tag。当接收到带 Tag 的报文时，如果 VLAN ID 与默认 VLAN ID 相同，则接收该报文。如果 VLAN ID 与默认 VLAN ID 不同时，则丢弃该报文。发送帧时，先剥离帧的 PVID Tag，然后再发送。Access 端口，用于连接主机，有如下特点：

- 仅仅允许唯一的 VLAN ID 通过本端口，这个值与端口的 PVID 相同；
- 如果该端口收到对端设备发送的帧是 Untagged，交换机将强制加上该端口的 PVID；
- Access 端口发往对端设备的以太网帧永远是 Untagged Frame；
- 很多型号的交换机默认端口类型是 Access，PVID 默认是 1，VLAN 1 由系统创建，不能被删除。

2. Trunk 端口

用于连接交换机，在交换机之间传递 Tag 的报文，可以自由设定允许通过多个 VLAN ID，这些 ID 可以与 PVID 相同，也可以不同。其对于帧的处理过程如下。

当接收到不带 Tag 的报文时，打上默认的 VLAN ID，如果默认 VLAN ID 在允许通过的 VLAN ID 列表里，则接收该报文；如果默认 VLAN ID 不在允许通过的 VLAN ID 列表里，则丢弃该报文。

当接收到带 Tag 的报文时，如果 VLAN ID 在端口允许通过的 VLAN ID 列表里，则接收该报文。如果 VLAN ID 不在端口允许通过的 VLAN ID 列表里，则丢弃该报文。

发送帧时，当 VLAN ID 与默认 VLAN ID 相同，且是该端口允许通过的 VLAN ID 时，则去掉 Tag 后发送该报文。当 VLAN ID 与默认 VLAN ID 不同，且是该端口允许通过的 VLAN ID 时，则保持原有 Tag，并发送该报文。

3. Hybrid 端口

Access 端口发往其他设备的报文都是 Untagged Frame，而 Trunk 端口仅在一种特定情况下才能发出 Untagged Frame，其他情况发出的都是 Tagged Frame。某些应用中，可能希望能够灵活地控制 VLAN 标签的移除。例如，在本交换机的上行设备不支持 VLAN 的情况下，且希望实现各个用户端口的相互隔离。通过 Hybrid 端口可以解决此问题，它对接收不带 Tag 的报文处理同 Trunk 端口一致；对接收带 Tag 的报文处理也同 Trunk 端口一致。发送帧时，如果 VLAN ID 是该端口允许通过的 VLAN ID，则发送该报文。可以通过命令设置发送时是否携带 Tag。

VLAN 内的链路分为接入链路（Access Link）与干线链路（Trunk Link），链路类型如图 2-20 所示。接入链路用于终端设备和交换机相连，如果 VLAN 是基于端口进行划分的，一个接入链路只能属于某一个特定 VLAN。干线链路最通常的使用场合就是连接两个 VLAN 交换机的链路，通过干线链路可使 VLAN 跨越多个交换机，所以一个干线链路可以承载多个 VLAN 的数据。对于上述各端口类型，Access 端口只能连接接入链路，Trunk 端口只能连接干线链路，Hybrid 端口既可以连接接入链路也可以连接干线链路。

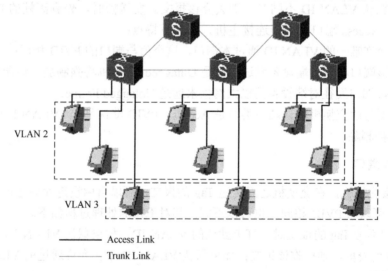

图 2-20 链路类型

2.2.5 VLAN 的基本配置

基于端口划分 VLAN 是最简单、最有效也是最常见的划分方式。交换机的 VLAN 常用配置命令如表 2-1 所示。

表 2-1 VLAN 常用配置命令

常用命令	视图	作用
vlan vlan-id	系统	创建 VLAN，进入 VLAN 视图，VLAN ID 的范围为 1～4096B
vlan batch {vlan-id1 [to vlan-id2]} &<1～10>	系统	批量创建 VLAN
interface interface-type interface-number	系统	进入指定端口
port link-type {access | hybrid | trunk | dot1q-tunnel}	系统	配置 VLAN 端口属性
port default vlan Vlan-id	端口	将 Access 端口加入指定 VLAN
port interface-type {interface-number1 [to interface-number2]} &<1-10>	VLAN	批量将 Access 端口加入指定 VLAN
port trunk allow-pass vlan {{vlan-id1 [to vlan-id2]}&<1-10>|all}	端口	配置允许通过该 Trunk 端口的帧
port trunk pvid vlan vlan-id	端口	配置 Trunk 端口默认 VLAN ID
port hybrid untagged vlan {{vlan-id1 [to vlan-id2]}&<1-10>|all}	端口	指定发送时剥离 Tag 的帧
port hybrid tagged vlan {{vlan-id1 [to vlan-id2]}&<1-10>|all}	端口	指定发送时保留 Tag 的帧
undo port hybrid vlan {{vlan-id1 [to vlan-id2]}&<1-10>|all}	端口	移除原先允许通过该 Hybrid 端口的帧
port hybrid pvid vlan vlan-id	端口	配置 Hybrid 端口默认 VLAN ID
display vlan [vlan-id [verbose]]	所有	查看 VLAN 相关信息
display interface [interface-type [interface-number]]	所有	查看端口信息
display port vlan [interface-type [interface-number]]	所有	查看基于端口划分 VLAN 的相关信息
display this	所有	查看该视图下相关配置

2.3 生成树协议 STP

2.3.1 STP 的产生

单点故障会导致整个网络瘫痪，为了保证整个网络的可靠性和安全性，可以引入冗余链路或备份链路，物理上的备份链路会产生物理环路或多重环路，从而导致广播风暴、重复帧及 MAC 地址表不稳定等问题。在实际的组网应用中经常会形成复杂的多环路连接。面对复杂的环路，网络设备必须有一种解决办法在有物理环路的情况下阻止二层环路的发生。此时，减少冗余链路是不现实的，因为可靠性得不到保证。可以通过生成树协议来解决环路问题，即将某些端口置于阻塞状态，从而防止在冗余结构的网络拓扑中产生回路。

下面来分析广播风暴是如何形成的。

在一个存在物理环路的二层网络中，Server/Host X 发送了一个广播数据帧（Broadcast），Switch A 从上方的端口接收到广播帧，做洪泛处理，转发至下面的端口。通过下面的连接，广播帧将到达 Switch B 的下方端口，如图 2-21 所示。

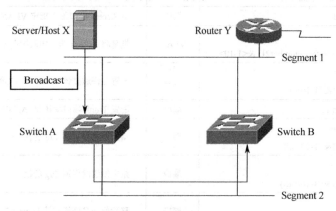

图 2-21　广播风暴（1）

交换机在下方的端口收到了一个广播数据帧，将做洪泛处理，通过上方的端口转发此帧，Switch A 将在上方端口重新接收到这个广播数据帧，如图 2-22 所示。

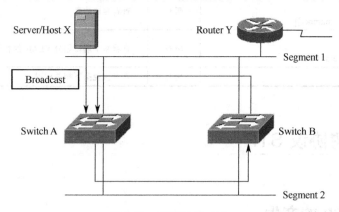

图 2-22　广播风暴（2）

由于交换机执行的是透明桥的功能，在转发数据帧时不对帧做任何处理。所以对于再次到来的广播数据帧，Switch A 不能识别出此数据帧已经被转发过，Switch A 还将对此广播数据帧做洪泛的操作。

广播数据帧到达 Switch B 后会做同样的操作,并且此过程会不断进行下去,无限循环。以上分析的只是广播数据帧被传播的一个方向,实际环境中会在两个不同的方向上产生这一过程。在很短的时间内大量重复的广播数据帧被不断循环转发消耗掉整个网络的带宽,而连接在这个网段上的所有主机设备也会受到影响,CPU 将不得不产生中断来处理不断到来的广播数据帧,极大地消耗系统的处理能力,严重时可能导致死机,如图 2-23 所示。

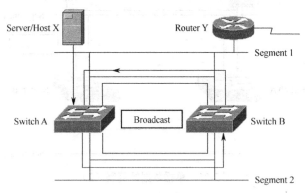

图 2-23　广播风暴（3）

一旦产生广播风暴系统将无法自动恢复,必须由系统管理员人工干预恢复网络状态。某些设备在端口上可以设置广播限制,一旦特定时间内检测到广播数据帧超过了预先设置的阀值即可进行某些操作,如关闭此端口一段时间以减轻广播风暴对网络带来的损害。但这种方法并不能真正消除二层的环路带来的危害。

接下来看一个数据帧被多次复制的情况。

Server/Host X 发送一个单播数据帧（Unicast）,目的为 Router Y 的本地端口,而此时 Router Y 的本地端口的 MAC 地址对于 Switch A 与 Switch B 都是未知的。

单播数据帧通过上方的网段直接到达 Router Y,同时到达交换机 A 上方的端口,如图 2-24 所示。

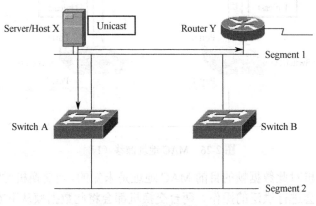

图 2-24　数据帧复制（1）

当交换机对于帧的目的 MAC 地址未知时交换机会进行洪泛的操作。

Switch A 会将此数据帧从下方的端口转发出来，单播数据帧到达 Switch B 的下方端口，Switch B 的情况与 Switch A 相同，也会对此数据帧进行洪泛的操作，从上方的端口将此数据帧转发出来，同样的单播数据帧再次到达 Router Y 的本地端口，如图 2-25 所示。

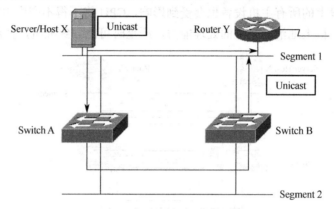

图 2-25　单播数据帧复制（2）

根据上层协议与应用的不同，同一个单播数据帧被传输多次可能导致应用程序的错误。

最后介绍 MAC 地址表不稳定的问题。

Server/Host X 发送一单播数据帧，目的为 Router Y 的本地端口，而此时 Router Y 的本地端口的 MAC 地址对于 Switch A 与 Switch B 都是未知的。

单播数据帧通过上方的网段到达 Switch A 与 Switch B 的上方端口。Switch A 与 Switch B 将此数据帧的源 MAC 地址（Server/Host X 的 MAC 地址）与各自的 Port 0 相关联并记录到 MAC 地址表中，如图 2-26 所示。

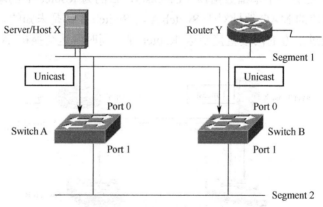

图 2-26　MAC 地址漂移（1）

此时两个交换机对此数据帧的目的 MAC 地址是未知的，当交换机对帧的目的 MAC 地址未知时，交换机会进行洪泛的操作。两台交换机都会将此数据帧从下方的 Port 1 转发出来并将到达对方的 Port 1。

两个交换机都从下方的 Port 1 收到一个单播数据帧,其源地址为 Server/Host X 的 MAC 地址,交换机会认为 Server/Host X 连接在 Port 1 所在网段而意识不到此数据帧是经过其他交换机转发的,所以会将 Server/Host X 的 MAC 地址改为与 Port 1 相关联并记录到 MAC 地址表中。交换机学习到了错误的信息,并且造成交换机 MAC 地址表的不稳定。这种现象也被称为 MAC 地址漂移,如图 2-27 所示。

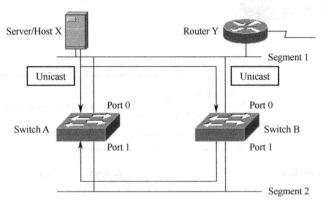

图 2-27 MAC 地址漂移(2)

在此背景下,生成树协议(Spanning Tree Protocol,STP)应运而生,其主要作用为消除环路和冗余备份。STP 通过阻断冗余链路来消除网络中可能存在的路径回环,并且 STP 仅仅是在逻辑上阻断冗余链路,当主链路发生故障后,被阻断的冗余链路将被重新激活从而保证网络的通畅。

2.3.2 STP 的基本原理

生成树协议能够自动发现冗余网络拓扑中的环路,保留一条最佳链路做转发链路,阻塞其他冗余链路,并且在网络拓扑发生变化的情况下重新计算,保证所有网段的可达且无环路。STP 协议的基本思想十分简单,如果网络也能够像树一样生长就不会出现环路。STP 的基本工作原理:通过 BPDU(Bridge Protocol Data Unit,桥接协议数据单元)的交互传递 STP 计算所需要的条件,随后根据特定的算法,阻塞其特定端口,从而得到无环的树形拓扑。

下面来看一下 STP 的工作流程。

1. 选举根网桥(Root Bridge)

所谓根网桥,简单来说就是树的根,它是生成树状网络的核心,其选举对象范围为所有网桥。在整个二层网络中,只能有一个根网桥,如图 2-28 所示。

根网桥的选举是比较网桥 ID，值小者优先。网桥 ID（Bridge ID）可理解为交换机的身份标志共 8B，由 16bit 的网桥优先级与 48bit 的网桥 MAC 地址构成。网桥 ID 如图 2-29 所示。其中，优先级可配，默认值为 32 768。另外，由于网桥的 MAC 地址具备全局唯一性，所以网桥 ID 也具备全局唯一性。

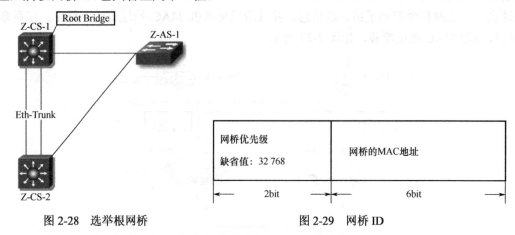

图 2-28　选举根网桥　　　　　　　　　图 2-29　网桥 ID

2. 选举根端口（Root Port）

根端口就是去根网桥路径最"近"的端口，根端口负责向根网桥方向转发数据。在每一台非根网桥上，有且只有一个根端口，如图 2-30 所示。

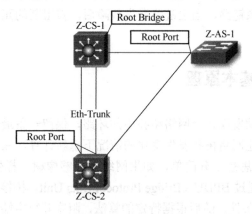

图 2-30　选举根端口

根端口的选举将会按照以下顺序进行逐一比对，当某一规则满足时判定结束，选举完成。

① 比较根路径成本，值小者优先。

② 比较指定网桥（BPDU 的发送交换机，此时可简单理解为相邻的交换机）的 ID，值小者为优先。

③ 比较指定端口（BPDU 的发送端口，此时可简单理解为相邻的交换机端口）的 ID，值小者为先。

根路径成本为各网桥到达根网桥所要花费的开销，它由沿途各路径成本（Path Cost）叠加而来，如图 2-31 所示。

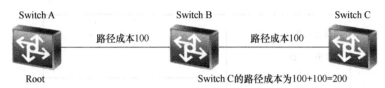

图 2-31　根路径成本

路径成本根据链路带宽的高低制定，最初为线性计算方法，后变更为非线性。各类标准的路径成本如表 2-2 所示。其中 Legacy 为华为私有标准路径成本可在设备端口上进行手动修改。需要特别说明的是，对于普通的 FE 端口，如果是半双工模式，路径成本与标准一致；如果是全双工模式，会在标准的基础上减 1，目的是让 STP 尽量选择全双工的端口。

表 2-2　路径成本

端口速率	链路类型	IEEE 802.1D-1998	IEEE 802.1T（默认）	Legacy
0		65 535	200 000 000	200 000
10Mbps	半双工	100	2 000 000	2 000
	全双工	99	1 999 999	1 999
	2 端口聚合	95	1 000 000	1 800
	3 端口聚合	95	666 666	1 600
	4 端口聚合	95	500 000	1 400
100Mbps	半双工	19	200 000	200
	全双工	18	199 999	199
	2 端口聚合	15	100 000	180
	3 端口聚合	15	66 666	160
	4 端口聚合	15	50 000	140
1000Mbps	全双工	4	20 000	20
	2 端口聚合	3	10 000	18
	3 端口聚合	3	6 666	16
	4 端口聚合	3	5 000	14
10Gbps	全双工	2	2 000	2
	2 端口聚合	1	1 000	1
	3 端口聚合	1	666	1
	4 端口聚合	1	500	1

在计算根路径成本时，仅计算收到 BPDU 端口（可简单理解为到达根网桥的出端口）的开销。

端口 ID 为端口的身份标志，由两个部分构成共 2B，其中高 4bit 是端口优先级（Port Priority），低 12bit 是端口编号，如图 2-32 所示。端口优先级可以被配置，默认值是 128。

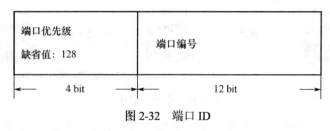

图 2-32　端口 ID

3. 选举指定端口（Designated Port）

指定端口为每个网段上离根最近的端口，由它转发该网段的数据。在每一个网段上，有且只有一个指定端口，如图 2-33 所示选举指定端口。

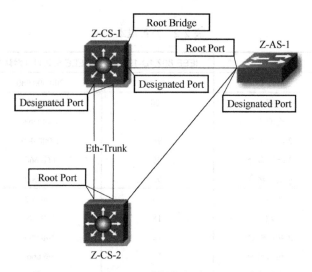

图 2-33　选举指定端口

指定端口的选举规则同根端口的选举相同。值得特别说明的是根网桥上的所有端口皆为指定端口。根端口相对应的端口（与根端口直连的端口）皆为指定端口。

4. 阻塞预备端口（Alternate Port）

如果一个端口既不是根端，也不是指定端口，则将成为预备端口，该端口会被阻塞不能转发数据，如图 2-34 所示。

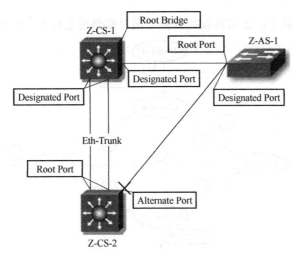

图 2-34 阻塞预备端口

2.3.3 STP 端口状态

STP 为进行生成树的计算一共定义了 5 种端口状态。不同状态下，端口所能实现的功能不同，STP 端口状态如表 2-3 所示。

表 2-3 STP 端口状态

端口状态	描述	说明
Disabled 端口没有启用	此状态下端口不转发数据帧，不学习 MAC 地址表，不参与生成树计算	端口状态为 Down
Listening 侦听状态	此状态下端口不转发数据帧，不学习 MAC 地址表，只参与生成树计算，接收并发送 BPDU	过渡状态，增加 Learning 状态，防止临时环路
Blocking 阻塞状态	此状态下端口不转发数据帧，不学习 MAC 地址表，此状态下端口接收并处理 BPDU，但不向外发送 BPDU	阻塞端口的最终状态
Learning 学习状态	此状态下端口不转发数据帧，但学习 MAC 地址表，参与计算生成树，接收并发送 BPDU	过渡状态
Forwarding 转发状态	此状态下端口正常转发数据帧，学习 MAC 地址表，参与计算生成树，接收并发送 BPDU	只有根端口或指定端口才能进入 Forwarding 状态

各状态之间的迁移有一定的规则，端口状态迁移如图 2-35 所示。当端口正常启用之后，端口首先进入 Listening 状态，开始生成树的计算过程。如果经过计算，端口角色需要设置为预备端口（Alternate Port），则端口状态立即进入 Blocking；如果经过计算，端口角色需要设置为根端口（Root Port）或指定端口（Designated Port），则端口状态在等待一个时间周期之后从 Listening 状态进入 Learning 状态，然后继续等待一个时间周期之后，从 Learning

状态进入 Forwarding 状态,正常转发数据帧。端口被禁用之后则进入 Disable 状态。

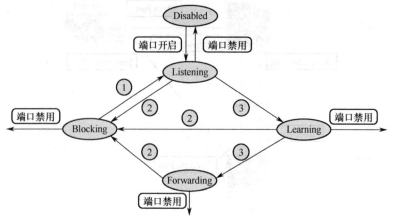

图 2-35 端口状态迁移

- 端口被选为指定端口（Designated Port）或根端口（Root Port）;
- 端口被选为预备端口（Alternate Port）;
- 经过时间周期,此时间周期称为 Forward Delay,默认为 15s。

2.4 以太网端口技术

2.4.1 端口自协商技术

以太网技术发展到 100Mbps 速率以后,出现了一个如何与原 10Mbps 以太网设备兼容的问题,自协商技术就是为了解决这个问题而制定的。

自协商功能允许一个网络设备将自己所支持的工作模式信息传达给网络上的对端,并接受对方可能传递过来的相应信息。自协商功能完全由物理层芯片设计实现,因此并不使用专用数据报文或带来任何高层协议开销。

自协商功能的基本机制就是将协商信息封装进一连串修改后的连接整合性测试脉冲（FLP 快速连接脉冲）。每个网络设备必须能够在上电、管理命令或是用户干预时发出此串脉冲。快速连接脉冲包含一系列连接整合性测试脉冲组成的时钟/数字序列。将这些数据从中提取出来就可以得到对端设备支持的工作模式,以及一些用于协商握手机制的其他信息。

当协商双方都支持一种以上的工作方式时,需要有一个优先级方案来确定一个最终工作方式。如表 2-4 按优先级从高到低的顺序列出了 IEEE 802.3 自动协商的工作方式及优先级顺序,其基本思路是：100Mbps 优于 10Mbps,全双工优于半双工。100BASE-T4 之所以优于 100BASE-TX 是因为 100BASE-T4 支持的线缆类型更丰富一些。100BASE-T4 可使用 3、4、5 类非屏蔽双绞线（UTP）实现，用到了双绞线 4 对中的全部。100BASE-TX 只能用 5 类非屏蔽双绞线（UTP）或者屏蔽双绞线（STP）实现，用到了双绞线 4 对中的 2 对。

表 2-4 自动协商的工作方式及优先级顺序

优先级顺序	工 作 方 式	优先级顺序	工 作 方 式
1	100BASE-TX 全双工	4	10BASE-T
2	100BASE-T4	5	10BASE-T
3	100BASE-TX		

光纤以太网是不支持自协商的。对光纤而言，链路两端的工作模式必须使用手工配置（速度、双工模式、流控等），如果光纤两端的配置不同是不能正确通信的。在实际工作与项目中，对于所有介质的以太网，通过手动配置来确定端口参数，可以避免一些不必要的麻烦。

自协商的所有配置皆在端口视图下进行，介质两端的端口应同时配置。

1. 自动协商功能的开启与关闭

- negotiation auto，开启自动协商功能；
- undo negotiation auto，关闭自动协商功能。

2. 端口速率设置

- 手动设置端口速率时，需先关闭自动协商功能；
- speed{10|100|1000}，配置以太网端口的速率，默认为最大速率，单位为 Mbps。

3. 端口双工模式设置

- 手动设置端口双工模式时，需先关闭自动协商功能；
- duplex {full | half}，配置以太网端口的双工模式。默认为全双工模式。

4. 配置验证

- display interface [interface-type [interface-number]]，查看端口信息；
- display this，查看端口配置。

2.4.2 端口聚合技术

端口聚合，也称为端口捆绑、端口聚集或链路聚合，即将两台交换机间的多条平行物理链路捆绑为一条大带宽的逻辑链路。使用链路聚合服务的上层实体把同一聚合组内的多条物理链路视为一条逻辑链路，数据通过聚合端口组进行传输。端口聚合具有以下优点。

1. 增加网络带宽

端口聚合可以将多个连接的端口捆绑成为一个逻辑连接，捆绑后的带宽是每个独立端口的带宽总和。当端口的流量增加而成为限制网络性能的瓶颈时，采用支持该特性的交换机可以轻而易举地增加网络的带宽。如两台交换机间有 4 条 100Mbps 链路，捆绑后认为两台交换机间存在一条单向 400Mbps、双向 800Mbps 带宽的逻辑链路，并且聚合链路在生成树环境中被认为是一条逻辑链路。

2. 提高链路可靠性

聚合组可以实时监控同一聚合组内各个成员端口的状态，从而实现成员端口之间彼此动态备份。如果某个端口故障，聚合组能及时把数据流从其他端口传输。

3. 流量负载分担

链路聚合后，系统根据一定的算法把不同的数据流分布到各成员端口，从而实现基于流的负载分担。通常对于二层数据流，系统根据源 MAC 地址及目的 MAC 地址来进行负载分担计算；对于三层数据流，则根据源 IP 地址及目的 IP 地址进行负载分担计算。

聚合端口成功的条件是两端的参数必须一致。参数包括物理参数和逻辑参数。物理参数包括进行聚合链路的数目、进行聚合链路的速率、进行聚合链路的双工方式；逻辑参数有：STP 配置一致，包括端口的 STP 使能/关闭、与端口相连的链路属性（如点对点或非点对点）、STP 优先级、路径开销、报文发送速率限制、是否环路保护、是否根保护、是否为边缘端口；QoS 配置一致，包括流量限速、优先级标记、默认的 802.1p 优先级、带宽保证、拥塞避免、流重定向、流量统计等；VLAN 配置一致，包括端口允许通过的 VLAN、端口默认 VLAN ID；端口配置一致，包括端口的链路类型，如 Trunk、Hybrid、Access 属性。

端口聚合的实现有三种方法：手工负载分担模式、静态 LACP（Link Aggregation Control Protocol，链路聚合控制协议）模式和动态 LACP 模式。在手工负载分担模式下，双方设备不需要启动聚合协议，双方不进行聚合组中成员端口状态的交互。静态 LACP 模式是一种利用 LACP 协议进行聚合参数协商、确定活动端口和非活动端口的链路聚合方式。该模式可实现 $M:N$ 模式，即 M 条活动链路与 N 条备份链路的模式。实现静态 LACP 模式时，需手工创建 Eth-Trunk，手工加入 Eth-Trunk 成员端口。LACP 协议除可以检测物理线路故障外，还可以检测链路层故障，提高容错性，保证成员链路的高可靠性。动态 LACP 模式的链路聚合，从 Eth-Trunk 的创建到加入成员端口都不需要人工的干预，由 LACP 协议自动协商完成。虽然这种方式对于用户来说很简单，但过于灵活，不便于管理，因此应用较少。

端口聚合相关配置分以下三个步骤完成。

（1）创建 Eth-Trunk

- 执行命令interface eth-trunktrunk-id，进入 Eth-Trunk 端口视图；

- 执行命令mode { manual |lacp-static }，配置 Eth-Trunk 的工作模式，默认情况下，Eth-Trunk 的工作模式为手工负载分担模式。

（2）向 Eth-Trunk 中加入成员端口

分以下两种情况，在 Eth-Trunk 端口视图下：
- 执行命令 interface eth-trunk trunk-id，进入 Eth-Trunk 端口视图；
- 执行命令 trunkport interface-type { interface-number1 [to interface-number2] } &<1-8>，增加成员端口，在成员端口视图下，执行命令 eth-trunk trunk-id，将当前端口加入 Eth-Trunk。

（3）配置验证

执行 display eth-trunk，查看 Eth-Trunk 端口的配置信息。

2.5 实训一 交换机 VLAN 配置

1. 实验目的

本实验的主要目的是掌握 VLAN 的 Access 端口和 Trunk 端口的相关配置和应用。

2. 实验拓扑

VLAN 配置拓扑如图 2-36 所示。

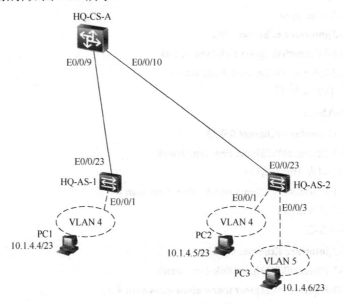

图 2-36 VLAN 配置拓扑

3 台交换机通过双绞线连接，VLAN4 和 VLAN5 的用户 PC 分别连到 HQ-AS-1 和 HQ-AS-2。VLAN4 的用户 PC1 和 PC2 需要互通，同时 VLAN4 和 VLAN5 相互隔离。

3. 配置步骤

step1：创建 VLAN。

① 配置 HQ-AS-1：

```
[HQ-AS-1]vlan 4
#创建 VLAN4#
[HQ-AS-1-vlan4]quit
[HQ-AS-1]interface Ethernet 0/0/1
[HQ-AS-1-Ethernet0/0/1]port link-type access
#默认端口类型是 Hybrid，修改成 Access#
[HQ-AS-1-Ethernet0/0/1]port default vlan 4
#把端口添加到 VLAN4#
```

② 配置 HQ-AS-2：

```
[HQ-AS-2]vlan 4
[HQ-AS-2-vlan4]quit
[HQ-AS-2]interface Ethernet 0/0/1
[HQ-AS-2-Ethernet0/0/1]port link-type access
[HQ-AS-2-Ethernet0/0/1]port default vlan 4
[HQ-AS-2-Ethernet0/0/1]quit
[HQ-AS-2]vlan 5
[HQ-AS-2-vlan5]quit
[HQ-AS-2]interface Ethernet 0/0/2
[HQ-AS-2-Ethernet0/0/2]port link-type access
[HQ-AS-2-Ethernet0/0/2]port default vlan 5
```

step2：配置 Trunk 端口。

① 配置 HQ-AS-1：

```
[HQ-AS-1]interface Ethernet 0/0/23
[HQ-AS-1-Ethernet0/0/23]port link-type trunk
#配置本端口为 Trunk 端口#
[HQ-AS-1-Ethernet0/0/23]port trunk allow-pass vlan 4 5
#本端口允许 VLAN4，VLAN5 通过#
```

② 配置 HQ-AS-2：

```
[HQ-AS-2]interface Ethernet 0/0/23
[HQ-AS-2-Ethernet0/0/23]port link-type trunk
[HQ-AS-2-Ethernet0/0/23]port trunk allow-pass vlan 4 5
```

③ 配置 HQ-CS-A：

[HQ-CS-A]**interface Ethernet 0/0/9**
[HQ-CS-A-Ethernet0/0/9]**port link-type trunk**
[HQ-CS-A-Ethernet0/0/9]**port trunk allow-pass vlan 4 5**
[HQ-CS-A-Ethernet0/0/9]**quit**
[HQ-CS-A]**interface Ethernet 0/0/10**
[HQ-CS-A-Ethernet0/0/10]**port link-type trunk**
[HQ-CS-A-Ethernet0/0/10]**port trunk allow-pass vlan 4 5**

4. 结果验证

PC1、PC2、PC3 间连通性检查：使用 ping 命令检查 VLAN 内和 VLAN 间的连通性。可以看到属于 VLAN4 的 PC1、PC2 间可以跨交换机互访，而 VLAN4 和 VLAN5 不能互访。

2.6 实训二 生成树协议 STP 配置

1. 实验目的

掌握启用和关闭 STP 的方法；了解不同 STP 模式的差异；掌握修改网桥优先级影响根网桥选举的方法；掌握修改端口优先级影响根端口与指定端口选举的方法；掌握配置边缘端口的方法。

2. 实验拓扑

生成树拓扑如图 2-37 所示。

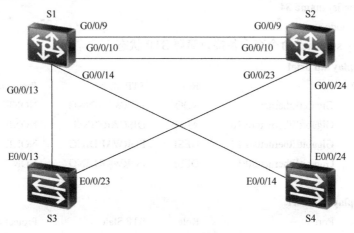

图 2-37 生成树拓扑

3. 配置步骤

step1：STP 配置。

实验之前，关闭 S3 的接口 E0/0/1，以避免对实验的影响。请保证设备以空配置启动，如果设备默认生成树没有开启，使用 stp enable 命令开启。本次实验使用传统生成树。

```
<Quidway>system-view
Enter system view, return user view with Ctrl+Z.
[Quidway]sysname S1
[S1]stp mode stp
[S1]stp root secondary
```

```
<Quidway>system-view
Enter system view, return user view with Ctrl+Z.
[Quidway]sysname S2
[S2]stp mode stp
[S2]stp root primary
```

```
<Quidway>system-view
Enter system view, return user view with Ctrl+Z.
[Quidway]sysname S3
[S3]stp mode stp
```

```
<Quidway>system-view
Enter system view, return user view with Ctrl+Z.
[Quidway]sysname S4
[S4]stp mode stp
```

使用 display stp brief 命令查看各接口简要 STP 状态。

[S1]display stp brief

MSTID	Port	Role	STP State	Protection
0	GigabitEthernet0/0/9	ROOT	FORWARDING	NONE
0	GigabitEthernet0/0/10	ALTE	DISCARDING	NONE
0	GigabitEthernet0/0/13	DESI	FORWARDING	NONE
0	GigabitEthernet0/0/14	DESI	FORWARDING	NONE

[S2]display stp brief

MSTID	Port	Role	STP State	Protection
0	GigabitEthernet0/0/9	DESI	FORWARDING	NONE
0	GigabitEthernet0/0/10	DESI	FORWARDING	NONE

| 0 | GigabitEthernet0/0/23 | DESI | FORWARDING | NONE |
| 0 | GigabitEthernet0/0/24 | DESI | FORWARDING | NONE |

[S3]display stp brief

MSTID	Port	Role	STP State	Protection
0	Ethernet0/0/13	ALTE	DISCARDING	NONE
0	Ethernet0/0/23	ROOT	FORWARDING	NONE

[S4]display stp brief

MSTID	Port	Role	STP State	Protection
0	Ethernet0/0/14	ALTE	DISCARDING	NONE
0	Ethernet0/0/24	ROOT	FORWARDING	NONE

使用 display stp interface 命令查看某接口详细 STP 状态。

[S1]display stp interface GigabitEthernet 0/0/10
----[CIST][Port10(GigabitEthernet0/0/10)][DISCARDING]----
Port Protocol :enabled
Port Role :Alternate Port
Port Priority :128
Port Cost(Dot1T) :Config=auto / Active=20000
Desg. Bridge/Port :0.0018-82e1-aea6 / 128.10
Port Edged :Config=default / Active=disabled
Point-to-point :Config=auto / Active=true
Transit Limit :147 packets/hello-time
Protection Type :None
Port Stp Mode :STP
Port Protocol Type :Config=auto / Active=dot1s
PortTimes :Hello 2s MaxAge 20s FwDly 15s RemHop 0
TC or TCN send :2
TC or TCN received :64
BPDU Sent :24
   TCN: 0, Config: 0, RST: 24, MST: 0
BPDU Received :350601
   TCN: 0, Config: 0, RST: 350601, MST: 0

step2：根网桥选举控制。

使用 display stp 命令查看当前根网桥消息。

[S2]display stp
-------[CIST Global Info][Mode STP]-------
CIST Bridge :0 .0018-82e1-aea6

```
Bridge Times :Hello 2s MaxAge 20s FwDly 15s MaxHop 20
CIST Root/ERPC :0 .0018-82e1-aea6 / 0
CIST RegRoot/IRPC :0 .0018-82e1-aea6 / 0
CIST RootPortId :0.0
BPDU-Protection :disabled
CIST Root Type :PRIMARY root
TC or TCN received :41
TC count per hello :0
STP Converge Mode :Nomal
Time since last TC :0 days 0h:1m:6s
……output omit……
```

实验中特别定义了 S2 为主根网桥，S1 为备份根网桥。如上输出"CIST Bridge""CIST Root/ERPC"字段值相同的即为根网桥。

桥优先级数值越小的优先级越高，因此将 S1 的桥优先级修改为 4096，将 S2 的桥优先级修改为 8192，S1 的优先级高于 S2，S1 将选举为根网桥。

```
[S1]undo stp root
[S1]stp priority 4096


[S2]undo stp root
[S2]stp priority 8192
```

使用 display stp 命令查看新的根网桥信息。

```
[S1]display stp
-------[CIST Global Info][Mode STP]-------
CIST Bridge :4096 .0018-82e1-aea6
Bridge Times :Hello 2s MaxAge 20s FwDly 15s MaxHop 20
CIST Root/ERPC :4096 .0018-82e1-aea6 / 0
CIST RegRoot/IRPC :4096 .0018-82e1-aea6 / 0
CIST RootPortId :0.0
BPDU-Protection :disabled
TC or TCN received :62
TC count per hello :0
STP Converge Mode :Nomal
Time since last TC :0 days 0h:0m:3s
……output omit……


[S2]display stp
-------[CIST Global Info][Mode STP]-------
CIST Bridge :8192 .0018-82e1-ae82
```

Bridge Times :Hello 2s MaxAge 20s FwDly 15s MaxHop 20
CIST Root/ERPC :4096 .0018-82e1-aea6 / 20000
CIST RegRoot/IRPC :8192 .0018-82e1-ae82 / 0
CIST RootPortId :128.9
BPDU-Protection :disabled
TC or TCN received :174
TC count per hello :2
STP Converge Mode :Nomal
Time since last TC :0 days 0h:0m:1s
……output omit……

由以上输出可以看出，S1 成为了新的根网桥。关闭 S1 上的 G0/0/9、G0/0/10、G0/0/13、G0/0/14 四个接口达到隔离 S1 的目的。

[S1]**interface GigabitEthernet 0/0/9**
[S1-GigabitEthernet0/0/9]**shutdown**
[S1-GigabitEthernet0/0/9]**interface GigabitEthernet 0/0/10**
[S1-GigabitEthernet0/0/10]**shutdown**
[S1-GigabitEthernet0/0/10]**interface GigabitEthernet 0/0/13**
[S1-GigabitEthernet0/0/13]**shutdown**
[S1-GigabitEthernet0/0/13]**interface GigabitEthernet 0/0/14**
[S1-GigabitEthernet0/0/14]**shutdown**

[S2]**display stp**
-------[CIST Global Info][Mode STP]-------
CIST Bridge :8192 .0018-82e1-ae82
Bridge Times :Hello 2s MaxAge 20s FwDly 15s MaxHop 20
CIST Root/ERPC :8192 .0018-82e1-ae82 / 0
CIST RegRoot/IRPC :8192 .0018-82e1-ae82 / 0
CIST RootPortId :0.0
BPDU-Protection :disabled
TC or TCN received :197
TC count per hello :0
STP Converge Mode :Nomal
Time since last TC :0 days 0h:0m:3s
……output omit……

由以上粗体字部分可以看出，在 S1 失效的情况下，S2 由备份根网桥成为了根网桥。开启 S1 之前关闭的接口。

[S1]**interface GigabitEthernet 0/0/9**
[S1-GigabitEthernet0/0/9]**undo shutdown**
[S1-GigabitEthernet0/0/9]**interface GigabitEthernet 0/0/10**

[S1-GigabitEthernet0/0/10]**undo shutdown**
[S1-GigabitEthernet0/0/10]**interface GigabitEthernet 0/0/13**
[S1-GigabitEthernet0/0/13]**undo shutdown**
[S1-GigabitEthernet0/0/13]**interface GigabitEthernet 0/0/14**
[S1-GigabitEthernet0/0/14]**undo shutdown**

[S1]**display stp**
-------[CIST Global Info][Mode STP]-------
CIST Bridge :4096 .0018-82e1-aea6
Bridge Times :Hello 2s MaxAge 20s FwDly 15s MaxHop 20
CIST Root/ERPC :4096 .0018-82e1-aea6 / 0
CIST RegRoot/IRPC :4096 .0018-82e1-aea6 / 0
CIST RootPortId :0.0
BPDU-Protection :disabled
TC or TCN received :63
TC count per hello :0
STP Converge Mode :Nomal
Time since last TC :0 days 0h:1m:6s
······output omit······

[S2]**display stp**
-------[CIST Global Info][Mode STP]-------
CIST Bridge :8192 .0018-82e1-ae82
Bridge Times :Hello 2s MaxAge 20s FwDly 15s MaxHop 20
CIST Root/ERPC :4096 .0018-82e1-aea6 / 20000
CIST RegRoot/IRPC :8192 .0018-82e1-ae82 / 0
CIST RootPortId :128.9
BPDU-Protection :disabled
TC or TCN received :251
TC count per hello :0
STP Converge Mode :Nomal
Time since last TC :0 days 0h:0m:1s
······output omit······

由以上输出可以看出，当 S1 恢复后重新被选举成为根网桥。
step3：根端口选举控制。
在 S2 上使用 display stp brief 查看当前接口的角色信息。

[S2]**display stp brief**

MSTID	Port	Role	STP State	Protection
0	GigabitEthernet0/0/9	ROOT	FORWARDING	NONE

0	GigabitEthernet0/0/10	ALTE	DISCARDING	NONE
0	GigabitEthernet0/0/23	DESI	FORWARDING	NONE
0	GigabitEthernet0/0/24	DESI	FORWARDING	NONE

此时，G0/0/9 为根端口，G0/0/10 为替代端口，将在下面通过修改 S1 端口优先级的方式实现 S2 端口 G0/0/10 成为根端口，G0/0/9 成为替代端口。

修改 S1 接口 G0/0/9 和 G0/0/10 的端口优先级。端口优先级默认值为 128，数值越大优先级越小，因此在下面实验中将 S1 的接口 G0/0/9 端口优先级设置为 32，G0/0/10 端口优先级设置为 16，这样 S1 的接口 G0/0/10 优先级高于 G0/0/9，S2 的接口 G0/0/10 将选举成为新的根端口。

[S1]**interface GigabitEthernet 0/0/9**
[S1-GigabitEthernet0/0/9]**stp port priority 32**
[S1-GigabitEthernet0/0/9]**interface GigabitEthernet 0/0/10**
[S1-GigabitEthernet0/0/10]**stp port priority 16**

提示：此处是修改 S1 的端口优先级，而不是修改 S2 的端口优先级。

[S1]**display stp interface GigabitEthernet 0/0/9**
----[CIST][Port9(GigabitEthernet0/0/9)][FORWARDING]----
Port Protocol :enabled
Port Role :Designated Port
Port Priority :32
Port Cost(Dot1T) :Config=auto / Active=20000
Desg. Bridge/Port :4096.0018-82e1-aea6 / 32.9
Port Edged :Config=default / Active=disabled
Point-to-point :Config=auto / Active=true
Transit Limit :147 packets/hello-time
Protection Type :None
Port Stp Mode :STP
Port Protocol Type :Config=auto / Active=dot1s
PortTimes :Hello 2s MaxAge 20s FwDly 15s RemHop 20
TC or TCN send :0
TC or TCN received :0
BPDU Sent :229
  TCN: 0, Config: 229, RST: 0, MST: 0
BPDU Received :3
  TCN: 1, Config: 2, RST: 0, MST: 0

[S1]**display stp interface GigabitEthernet 0/0/10**
----[CIST][Port10(GigabitEthernet0/0/10)][FORWARDING]----
Port Protocol :enabled
Port Role :Designated Port

```
            Port Priority :16
            Port Cost(Dot1T ) :Config=auto / Active=20000
            Desg. Bridge/Port :4096.0018-82e1-aea6 / 16.10
            Port Edged :Config=default / Active=disabled
            Point-to-point :Config=auto / Active=true
            Transit Limit :147 packets/hello-time
            Protection Type :None
            Port Stp Mode :STP
            Port Protocol Type :Config=auto / Active=dot1s
            PortTimes :Hello 2s MaxAge 20s FwDly 15s RemHop 20
            TC or TCN send :0
            TC or TCN received :0
            BPDU Sent :210
              TCN: 0, Config: 210, RST: 0, MST: 0
            BPDU Received :3
              TCN: 1, Config: 2, RST: 0, MST: 0
```

在 S2 上使用 display stp brief 查看当前接口的角色信息。

```
[S2]display stp brief
 MSTID   Port                    Role     STP State       Protection
  0      GigabitEthernet0/0/9    ALTE     DISCARDING      NONE
  0      GigabitEthernet0/0/10   ROOT     FORWARDING      NONE
  0      GigabitEthernet0/0/23   DESI     FORWARDING      NONE
  0      GigabitEthernet0/0/24   DESI     FORWARDING      NONE
```

由上输出可以看出，S2 的接口 G0/0/10 被选举成了新的根端口，G0/0/9 成了替代端口。关闭 S2 上的根端口 G0/0/10，观察替代端口选举为新的根端口情况。

```
[S2]interface GigabitEthernet 0/0/10
[S2-GigabitEthernet0/0/10]shutdown
<S2>display stp brief
 MSTID   Port                    Role     STP State       Protection
  0      GigabitEthernet0/0/9    ROOT     FORWARDING      NONE
  0      GigabitEthernet0/0/23   DESI     FORWARDING      NONE
  0      GigabitEthernet0/0/24   DESI     FORWARDING      NONE
```

此时 G0/0/9 被选举成为了新的根端口。

step4：边缘端口配置。

将连接用户终端设备如计算机的端口配置成边缘端口，可以使该端口无须经历 STP 计算过程快速进入转发状态。本任务中，仅示例将 S3 接口 E0/0/3、E0/0/4 配置成边缘端口，实际网络中可以根据需要配置。

```
[S3]interface Ethernet0/0/3
[S3-Ethernet0/0/3]stp edged-port enable
```

[S3-Ethernet0/0/3]**interface Ethernet0/0/4**
[S3-Ethernet0/0/4]**stp edged-port enable**

配置完成后可以将计算机网线接入到 S3 的 E0/0/3，在 S3 上使用 display stp brief 命令查看端口状态。由于 E0/0/2 是边缘端口，发现端口立刻就转变到"Forwarding"状态了。

而连接到其他没有配置边缘端口的如 E0/0/5 接口，则在链路 UP 之后要等待约 30s 才能达到"Forwarding"状态。

2.7 实训三 交换机链路聚合配置

1. 实验目的

交换机 HQ-CS-A 和 HQ-CS-B 之间通过两条以太网线连接，并将两条链路手工聚合从而提高链路带宽，实现流量负载分担。

2. 实验拓扑

链路聚合拓扑如图 2-38 所示。

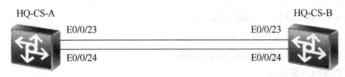

图 2-38 链路聚合拓扑

3. 配置流程

配置流程如图 2-39 所示。

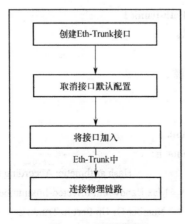

图 2-39 配置流程

注意：配置前先不进行线缆连接或者将成员接口关闭，此操作是为了避免交换机之间直接连接多条链路造成环路。

4. 配置步骤

step1：创建 Eth-Trunk 接口。

分别在两台交换机上创建 Eth-Trunk 接口，接口编号可以在 0～19 间任意选择。

```
[HQ-CS-A] interface Eth-Trunk1
[HQ-CS-A-Eth-Trunk1] quit

[HQ-CS-B] interface Eth-Trunk1
[HQ-CS-B-Eth-Trunk1] quit
```

step2：取消接口默认配置。

将两台交换机的物理接口中默认开启的一些协议关闭。

```
[HQ-CS-A]interface Ethernet 0/0/23
[HQ-CS-A-Ethernet0/0/23] bpdu disable
[HQ-CS-A-Ethernet0/0/23] undo ntdp enable
[HQ-CS-A-Ethernet0/0/23] undo ndp enable
[HQ-CS-A]interface Ethernet 0/0/24
[HQ-CS-A-Ethernet0/0/24] bpdu disable
[HQ-CS-A-Ethernet0/0/24] undo ntdp enable
[HQ-CS-A-Ethernet0/0/24] undo ndp enable
```

HQ-CS-B 交换机配置类似。

step3：将物理接口加入 Eth-Trunk。

```
[HQ-CS-A]interface Ethernet 0/0/23
[HQ-CS-A-Ethernet0/0/23]eth-trunk 1
[HQ-CS-A]interface Ethernet 0/0/24
[HQ-CS-A-Ethernet0/0/24]eth-trunk 1
```

HQ-CS-B 交换机配置类似。

step4：连接物理链路。

接上两台交换机之间的线缆。

5. 结果验证

```
[HQ-CS-A]display eth-trunk 1
Eth-Trunk1's state information is:
WorkingMode: NORMAL           Hash arithmetic: According to SA-XOR-DA
Least Active-linknumber: 1    Max Bandwidth-affected-linknumber: 8
Operate status: up            Number Of Up Port In Trunk: 2
--------------------------------------------------------------------
```

PortName	Status	Weight
Ethernet0/0/23	Up	1
Ethernet0/0/24	Up	1

接口 Ethernet0/0/23 和 Ethernet0/0/24 已聚合成 Eth-Trunk1。

2.8 总结与习题

① 局域网对应 OSI 参考模型的哪几层？
② 目前最主要的局域网标准是什么？
③ EIA/TIA568A 标准的线序是什么？请说明直通线的应用场景。
④ 交换机的工作原理是什么？
⑤ VLAN 的作用是什么？
⑥ VLAN 的划分方式有哪些？
⑦ VLAN 的端口类型有哪些？各自的特点是什么？
⑧ 二层环路会带来什么问题？
⑨ STP 的 5 种端口状态有哪些？
⑩ 请说明 STP 的运行过程。
⑪ 根网桥选举的依据是什么？
⑫ 根端口和指定端口的选举依据是什么？

第 3 章 路由的实现

本章导读

在第 2 章中，按照前期规划，将部门之间通过划分 VLAN 的方式做了二层隔离，但划分 VLAN 的目的是隔离广播域，防止广播泛滥现象。实际上构建内部局域网的目的是让内部的各台 PC 能够利用网络来协同办公，从而提高办公效率，也就是说网络最终还是要互通的，这就要求使用 VLAN 间路由技术将 VLAN 与 VLAN 之间打通，使它们能在三层间通信，从而实现总部内部与两个分支内部通信。而为了实现总部与分支之间的路由，需要在网络中部署路由。

3.1 路由基础

3.1.1 路由与路由器

路由是指导 IP 报文从源发送到目标的路径信息，也可理解为通过相互连接的网络把数据包从源地点移动到目标地点的过程。

路由与交换虽然很相似，却是不同的概念。交换发生在 OSI 参考模型的数据链路层，而路由发生在网络层。两者虽然都是对数据进行转发，但是所利用的信息和处理方式方法都是不同的。

在互联网中进行路由选择或实现路由的设备，称为路由器。路由器用于连接不同网络，在不同网络间转发数据单元，是互联网络的枢纽、交通警察。可以打个比喻：如果把 Internet 的传输线路看成一条信息公路，组成 Internet 的各个网络相当于分布于公路上的各个信息城市，它们之间传输的信息（数据）相当于公路上的车辆，而路由器就是进出这些城市的大门和公路上的驿站，它负责在公路上为车辆指引道路和在城市边缘安排车辆进出。因此，作为不同网络之间互相连接的枢纽，路由器系统构成了基于 TCP/IP 协议的国际互联网络 Internet 的主体脉络，是 Internet 的骨架。在园区网、地区网乃至整个 Internet 研究领域中，路由器技术始终处于核心地位，其发展历程和方向成为整个 Internet 研究的一个缩影。未来的宽带 IP 网络仍然使用 IP 协议来进行路由，因此，路由器将扮演着重要的角色。

路由器两个基本功能是路由功能和交换功能。路由器从一个端口收到一个报文后，去除链路层封装，交给网络层处理。网络层应先检查报文是否是送给本机的，若是，则去掉网络层封装，送给上层协议处理。若不是，则根据报文的目的地址查找路由表，若找到路由，则将报文交给相应端口的数据链路层，封装端口对应的链路层协议后发送报文；若找不到路由，则将报文丢弃。路由器的交换/转发指的是数据在路由器内部传送与处理的过程：从路由器一个端口接收，然后选择合适端口转发，其间做帧的解封装与封装，并对数据包做相应处理。

具体来说路由器需要具备的主要功能如下。

① 路由功能（寻径功能），包括路由表的建立、维护和查找。

② 路由器的交换功能与以太网交换机执行的交换功能不同，路由器的交换功能是指在网络之间转发分组数据的过程，涉及从接收端口收到数据帧，解封装，对数据包做相应处理，根据目的网络查找路由表，决定转发端口，做新的数据链路层封装等过程。

③ 隔离广播功能，指定访问规则路由器以阻止广播的通过，并且可以设置访问控制列表（ACL）对流量进行控制。

④ 连接异种网络功能，异种网络互连支持不同的数据链路层协议。

⑤ 子网间的速率匹配路由器有多个端口，不同端口具有不同的速率，路由器需要利用缓存及流控协议进行速率适配。

对于不同规模的网络，路由器作用的侧重点有所不同。

在骨干网上，路由器的主要作用是路由选择。骨干网上的路由器必须知道到达所有下层网络的路径。这需要维护庞大的路由表，并对连接状态的变化做出尽可能迅速的反应。路由器的故障将会导致严重的信息传输问题。

在地区网中，路由器的主要作用是网络连接和路由选择，即连接下层各个基层网络单位——园区网，同时负责下层网络之间的数据转发。

在园区网中，路由器的主要作用是分隔子网。早期的互联网络基层单位是局域网，其中所有主机处于同一个逻辑网络中。随着网络规模的不断扩大，局域网演变成以高速骨干和路由器连接的多个子网所组成的园区网。在其中，各个子网在逻辑上独立，而路由器就是唯一能够分隔它们的设备，它负责子网间的报文转发和广播隔离，在边界上的路由器则负责与上层网络的连接。

3.1.2 路由原理

路由器工作时依赖于路由表进行数据转发。路由表犹如一张地图，它包含着到达各个目标的路径信息（路由条目）。

在路由器中，可以通过命令 display ip routing-table 查看路由表。

```
[Huawei]display ip routing-table
Route Flags: R - relay, D - download to fib
```

Routing Tables: Public						
Destinations : 6		Routes : 6				
Destination/Mask	Proto	Pre	Cost	Flags	NextHop	Interface
1.1.1.1/32	Direct	0	0	D	127.0.0.1	InLoopBack0
192.168.1.0/24	Direct	0	0	D	192.168.1.1	Ethernet1/0/0
192.168.1.1/32	Direct	0	0	D	127.0.0.1	InLoopBack0
192.168.2.0/24	Static	60	0	RD	192.168.1.254	Ethernet1/0/0

路由表中包含了下列关键项。

- Destination：目的地址。用来标志 IP 包的目的地址或目的网络。
- Mask：网络掩码。与目的地址一起来标志目的主机或路由器所在的网段地址。掩码由若干个连续的"1"构成，既可以用点分十进制表示，也可以用掩码中连续"1"的个数来表示，如掩码 255.255.255.0 长度为 24，即可以表示为 24。
- Proto（Protocol）：用来生成、维护路由的协议或者方式方法，如 Static、RIP、OSPF、IS-IS、BGP 等。
- Pre（Preference）：本条路由加入 IP 路由表的优先级。针对同一目的地址，可能存在不同下一跳、出端口的若干条路由，这些不同的路由可能是由不同的路由协议发现的，也可以是手工配置的静态路由。优先级高（数值小）者将成为当前的最优路由。
- Cost：路由开销。当到达同一目的地址的多条路由具有相同优先级时，路由开销最小的将成为当前的最优路由。Preference 用于不同路由协议间路由优先级的比较，Cost 用于同一种路由协议内部不同路由优先级的比较。
- NextHop：下一跳 IP 地址。说明 IP 包所经由的下一个设备。
- Interface：输出端口。说明 IP 包将从该路由器哪个端口转发。

下面通过一个例子来说明 IP 路由的过程，如图 3-1 所示。RTA 左侧连接网络 10.3.1.0，RTC 右侧连接网络 10.4.1.0，当 10.3.1.0 网络有一个数据包要发送到 10.4.1.0 网络时，IP 路由的过程如下。

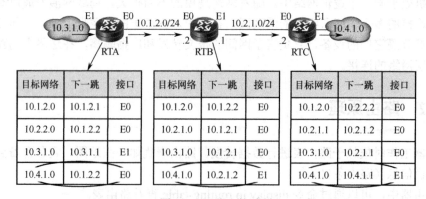

图 3-1 IP 路由的过程

① 10.3.1.0 网络的数据包被发送给与网络直接相连的 RTA 的 E1 端口，E1 端口收到数

据包后查找自己的路由表，找到去往目的地址的下一跳为 10.1.2.2，出端口为 E0，于是数据包从 E0 端口发出，交给下一跳 10.1.2.2。

② RTB 的 10.1.2.2（E0）端口收到数据包后，同样根据数据包的目的地址查找自己的路由表，查找到去往目的地址的下一跳为 10.2.1.2，出端口为 E1，同样，数据包从 E1 端口发出，交给下一跳 10.2.1.2。

③ RTC 的 10.2.1.2（E0）端口收到数据后，依旧根据数据包的目的地址查找自己的路由表，查找目的地址是自己的直连网段，并且去往目的地址的下一跳为 10.4.1.1，端口是 E1。最后数据包从 E1 端口发出，交给目的地址。

3.1.3 路由的来源

根据路由信息产生的方式和特点，路由可以被分为以下四种。

1. 直连路由

直连路由是指与路由器直连网段的路由条目。直连路由不需要特别配置，只需要在路由器端口上设置 IP 地址，然后由链路层发现（链路层协议 Up，路由表中即可出现相应路由条目；链路层协议 Down，相应路由条目消失）。链路层发现的路由不需要维护，减少了维护的工作。不足之处是链路层只能发现端口所在的直连网段的路由，无法发现跨网段的路由，跨网段的路由需要用其他的方法获得。

在路由表中，直连路由的 Proto 字段显示为 Direct。当给端口配置 IP 地址后（链路层已 Up），在路由表中出现相应的路由条目。

```
[Huawei-Ethernet1/0/0]ip address 192.168.1.1 24
[Huawei]display ip routing-table
Route Flags: R - relay, D - download to fib
Routing Tables: Public
Destinations : 7        Routes : 7
Destination/Mask      Proto    Pre  Cost    Flags    NextHop         Interface
127.0.0.0/8           Direct   0    0       D        127.0.0.1       InLoopBack0
127.0.0.1/32          Direct   0    0       D        127.0.0.1       InLoopBack0
127.255.255.255/32    Direct   0    0       D        127.0.0.1       InLoopBack0
192.168.1.0/24        Direct   0    0       D        192.168.1.1     Ethernet1/0/0
192.168.1.1/32        Direct   0    0       D        127.0.0.1       InLoopBack0
192.168.1.255/32      Direct   0    0       D        127.0.0.1       InLoopBack0
255.255.255.255/32    Direct   0    0       D        127.0.0.1       InLoopBack0
```

2. 静态路由

系统管理员手工设置的路由称为静态路由，一般是在系统安装时就根据网络的配置情况预先设定的,它不会随未来网络拓扑的改变自动改变。其优点是不占用网络和系统资源、安全;缺点是当一个网络故障发生后,静态路由不会自动修正,必须由网络管理员手工逐条配置,不能自动对网络状态变化做出相应的调整。

在路由表中,静态路由的 Proto 字段显示为 Static。

```
[Huawei]display ip routing-table
Route Flags: R - relay, D - download to fib
Routing Tables: Public
Destinations : 6        Routes : 6
Destination/Mask     Proto    Pre   Cost   Flags   NextHop         Interface
127.0.0.0/8          Direct   0     0      D       127.0.0.1       InLoopBack0
127.0.0.1/32         Direct   0     0      D       127.0.0.1       InLoopBack0
127.255.255.255/32   Direct   0     0      D       127.0.0.1       InLoopBack0
192.168.1.0/24       Direct   0     0      D       192.168.1.1     Ethernet1/0/0
192.168.1.1/32       Direct   0     0      D       127.0.0.1       InLoopBack0
192.168.2.0/24       Static   60    0      RD      192.168.1.254   Ethernet1/0/0
```

静态路由常用命令如表 3-1 所示。

表 3-1 静态路由常用命令

常用命令	视图	作用
ip route-static ip-address{mask|mask-length} nexthop-address|interface-type interface-number [nexthop-address]}[preference preference|tag tag]	系统	配置静态路由
display ip interface [brief][interface-type interface-number]	所有	查看端口与 IP 相关的配置、统计信息或简要信息
display ip routing-table	所有	查看路由表

路由器 B 的静态路由配置如图 3-2 所示。

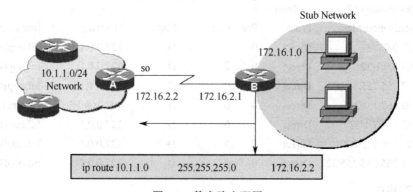

图 3-2 静态路由配置

3. 动态路由

动态路由是指由动态路由协议发现的路由。

当网络拓扑十分复杂时,手工配置静态路由工作量大而且容易出现错误,这时就可用动态路由协议,让其自动发现和修改路由,无须人工维护。但动态路由协议开销大,配置复杂。网络当中存在多种路由协议,如 RIP、OSPF、IS-IS、BGP 等,各路由协议都有其特点和应用环境。

在路由表中,动态路由的 Proto 字段显示为具体的某种动态路由协议。

```
[Huawei]display ip routing-table
Route Flags: R - relay, D - download to fib
Routing Tables: Public
       Destinations : 3        Routes : 3
Destination/Mask    Proto   Pre   Cost    Flags   NextHop      Interface
1.1.1.1/32          RIP     100   1       D       12.12.12.1   Serial1/0/0
11.11.11.11/32      OSPF    10    1562    D       12.12.12.1   Serial1/0/0
12.12.12.0/24       Direct  0     0       D       12.12.12.2   Serial1/0/0
```

4. 特殊路由

特殊路由也称为默认路由,是一种特殊的路由。默认路由的网络地址和子网掩码全部为 0。一般来说,管理员可以通过手工方式也就是静态方式配置默认路由。但有些时候,也可以在边界路由器上使用动态路由协议生成默认路由,再下发给其他路由,如 OSPF 和 IS-IS 等。

当路由器收到一个目的地址在路由表中查找不到的数据包时,会将数据包转发给默认路由指向的下一跳。如果路由表中不存在默认路由,那么该报文将被丢弃,并向源端返回一个 ICMP 报文,报告该目的地址或网络不可达。使用命令 display ip routing-table 可以查看当前是否设置了默认路由。

```
[Huawei]display ip routing-table
Route Flags: R - relay, D - download to fib
Routing Tables: Public
       Destinations : 2        Routes : 2
Destination/Mask    Proto   Pre   Cost    Flags   NextHop       Interface
0.0.0.0/0           Static  60    0       RD      192.168.1.1   Ethernet0/0/0
127.0.0.0/8         Direct  0     0       D       127.0.0.1     InLoopBack0
```

如图 3-3 所示是一个手工配置默认路由示例。所有从 172.16.1.0 网络中传出的没有明确目的地址路由条目与之匹配的 IP 包,都被传送到了默认网关 172.16.2.2 上。

主机路由,顾名思义就是针对主机的路由条目,通常用于控制到达某台主机的路径。主机路由的特点是其子网掩码为 32 位。

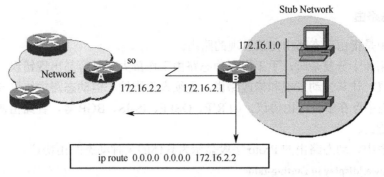

图 3-3 默认路由示例

[Huawei]**display ip routing-table**
Route Flags: R - relay, D - download to fib
Routing Tables: Public
Destinations : 3   Routes : 3

Destination/Mask	Proto	Pre	Cost	Flags	NextHop	Interface
1.1.1.1/32	Static	60	0	RD	192.168.1.1	Ethernet0/0/0
127.0.0.0/8	Direct	0	0	D	127.0.0.1	InLoopBack0
127.0.0.1/32	Direct	0	0	D	127.0.0.1	InLoopBack0

黑洞路由是一条指向 NULL0 的路由条目。NULL0 是一个虚拟端口，特点是永远 Up，不可关闭。凡是匹配该路由的数据，都将在此路由器上被终结，且不会向源端通告信息。

[Huawei]**display ip routing-table**
Route Flags: R - relay, D - download to fib
Routing Tables: Public
Destinations : 4   Routes : 4

Destination/Mask	Proto	Pre	Cost	Flags	NextHop	Interface
127.0.0.0/8	Direct	0	0	D	127.0.0.1	InLoopBack0
127.0.0.1/32	Direct	0	0	D	127.0.0.1	InLoopBack0
127.255.255.255/32	Direct	0	0	D	127.0.0.1	InLoopBack0
192.168.0.0/16	Static	60	0	D	0.0.0.0	NULL0

黑洞路由通常应用于安全防范、路由防环等场景。

3.1.4 路由的优先级

路由的优先级（Preference）是判定路由条目是否能被优选的重要条件。对于相同的目的地址，不同的路由协议（包括静态路由）可能会发现不同的路由，但这些路由并不都是最优的。事实上，在某一时刻，到某一目的地址的当前路由仅能由唯一的路由协议来决定。为了判断最优路由，各路由协议（包括静态路由）都被赋予了一个优先级，当存在多个路由信息源时，具有较高优先级（值较小）的路由协议发现的路由将成为最优路由。华为路由协议外部优先级如表 3-2 所示。

表 3-2　华为路由协议外部优先级

路由协议或路由种类	优 先 级	路由协议或路由种类	优 先 级
DIRECT	0	OSPF ASE	150
OSPF	10	OSPF NSSA	150
IS-IS	15	IBGP	255
STATIC	60	EBGP	255
RIP	100		

其中，0 表示直接连接的路由，255 表示任何来自不可信源端的路由；数值越小表明优先级越高。

除直连路由外，各种路由协议的优先级都可由用户手工进行配置。另外，每条静态路由的优先级都可以不相同。

除此以外，优先级有外部优先级和内部优先级之分，外部优先级即前面提到的用户为各路由协议配置的优先级。当不同的路由协议配置了相同的优先级后，系统会通过内部优先级决定哪个路由协议发现的路由将成为最优路由。华为路由协议内部优先级如表 3-3 所示。

表 3-3　华为路由协议内部优先级

路由协议或路由种类	优 先 级	路由协议或路由种类	优 先 级
DIRECT	0	RIP	100
OSPF	10	OSPF ASE	150
IS-IS Level-1	15	OSPF NSSA	150
IS-IS Level-2	18	IBGP	200
STATIC	60	EBGP	20

例如，到达同一目的地址 172.16.1.0/24 有两条路由可供选择，一条是静态路由，另一条是 OSPF 路由，且这两条路由的协议优先级都被配置成 5。这时路由器将根据表 3-3 所示的内部优先级进行判断。因为 OSPF 协议的内部优先级是 10，高于静态路由的内部优先级 60，所以系统选择 OSPF 协议发现的路由作为可用路由。

3.1.5　路由的度量值

路由度量值（Metic）也是判定路由条目是否能被优选的重要条件。

路由度量值表示到达这条路由所指定路径的代价，也称为路由权值。各路由协议定义度量值的方法不同，通常会考虑以下因素。

1. 跳数

跳数度量可以简单地记录路由器跳数。

2. 链路带宽

带宽度量将会选择高带宽路径，而不是低带宽路径。

3. 链路延迟

时延是度量报文经过一条路径所花费的时间。使用时延作为度量的路由选择协议，将会选择使用最低时延的路径作为最优路径。有多种方法可以度量时延。一方面，时延不仅要考虑链路时延，而且还要考虑路由器的处理时延和队列时延等因素；另一方面，路由的时延可能根本无法度量。因此，时延可能是沿路径各端口所定义的静态延时量的总和，其中每个独立的时延量是基于连接按端口的链路类型估算而得到的。因为延迟是多个重要变量的混合体，所以它是个比较有效的度量。

4. 链路负载

负载度量反映了占用沿途链路的流量大小，最优路径应该是负载最低的路径。不像跳数和带宽，路径上的负载会发生变化，因而度量也会跟着变化。如果度量变化过于频繁，路由翻动（最优路径频繁变化）可能就会发生。路由翻动会对路由器的 CPU、数据链路的带宽和全网稳定性产生负面影响。

5. 链路可靠度

可靠性度量用以度量链路在某种情况下发生故障的可能性，可靠性可以是变化的或固定的。链路发生故障的次数或在特定时间间隔内收到错误的次数都是可变可靠性度量的例子。固定可靠性度量是基于管理员确定的一条链路的已知量。可靠性最高的路径将会被最优先选择。

6. 链路

链路（Maximum Transmission Unit，MTU）是指该链路上所能传输的最大数据，一般以字节为单位。在链路情况良好的情况下，一般 MTU 值越大，则数据的有效负载就越大。

7. 代价

由管理员设置的代价度量可以反映路由的等级。通过任何策略或链路特性都可以对代价进行定义，同时代价也可以反映出网络管理员意见的独断性。谈起路由选择时，常常会把代价作为一个通用术语。如 RIP 基于跳数选择代价最低的路径。但还有个通用术语是最短，如 RIP 基于跳数选择最短路径。在这种情况使用它们时，最小代价（最高代价）或最短(最长)仅仅指的是路由选择协议基于自己特定的度量对路径的一种看法。

不同的动态路由协议会选择其中的一种或几种因素来计算度量值。在常用的路由协议里,RIP 使用"跳数"来计算度量值,跳数越小,其路由度量值也就越小;而 OSPF 使用"链路带宽"来计算度量值,链路带宽越大,路由度量值也就越小。度量值通常只对动态的路由协议有意义,静态路由协议的度量值统一规定为 0。

值得注意的是,路由度量值只在同一种路由协议内有比较意义,不同的路由协议之间的路由度量值没有可比性,也不存在换算关系。

下面分析一下当路由器有多条到达相同目的网络(网络地址与子网掩码相同)的路径时,路由器如何优选路由条目(将其加入路由表,并使其生效)。当有两条路径时,路由器的路由条目选择操作如图3-4所示。超过两条路径时,以此类推。

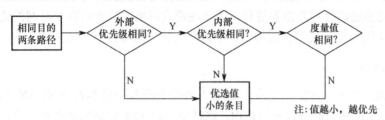

图 3-4 路由条目选择操作

路由表中有众多条目,当路由器准备转发数据时,将按照最长匹配原则先查找出合适条目,再按照条目中指定路径发送。最长匹配原则应用过程如下。

数据报文基于目的 IP 地址进行转发,当数据报文到达路由器时,路由器首先提取出报文的目的 IP 地址,查找路由表,将报文的目的 IP 地址与路由表中最长的掩码字段做"与"操作,"与"操作后的结果跟路由表中的目的 IP 地址比较,相同则匹配上,否则就没有匹配上。若未匹配上,路由器将寻找出拥有第二长掩码字段的条目,并重复刚才的操作,依次类推。一旦匹配成功,路由器将立即按照条目指定路径转发数据包;若最终都未能匹配,则丢弃该数据包。如在下面的路由表中,目的地址为 9.1.2.1 的数据报文,将选中 9.1.0.0/16 的路由。

```
[Quidway] display ip routing-table
Route Flags: R - relay, D - download to fib
Routing Tables: Public
Destinations : 7        Routes : 7
Destination/Mask    proto    pref    Cost    Flags    Nexthop    Interface
0.0.0.0/0           Static   60      0       D        120.0.0.2  Serial0/0
8.0.0.0/8           RIP      100     3       D        120.0.0.2  Serial0/1
9.0.0.0/8           OSPF     10      50      D        20.0.0.2   Ethernet0/0
9.1.0.0/16          RIP      100     4       D        120.0.0.2  Serial0/0
11.0.0.0/8          Static   60      0       D        120.0.0.2  Serial0/1
```

20.0.0.0/8		Direct	0	0	D	20.0.0.1	Ethernet0/2
20.0.0.1/32		Direct	0	0	D	127.0.0.1	LoopBack0

3.1.6 VLAN 间通信

通过划分 VLAN 隔离了广播域，增强了安全性。但是，划分 VLAN 后，不同 VLAN 的计算机之间的通信也相应地被阻止。这样一来，则背离了网络互联互通的原则。因此，迫切地需要一些技术与方法来解决 VLAN 间数据的通信。一个 VLAN 就是一个广播域、一个局域网。由此可见，VLAN 间的通信就相当于不同网络之间的通信。所以，为实现 VLAN 间的通信，必须借助于三层设备。VLAN 间的通信问题实质就是 VLAN 间的路由问题。

VLAN 间的通信使用路由器进行，那么在建立网络的时候就有个联网的选择问题。目前实现 VLAN 间路由可采用普通路由、单臂路由、三层交换三种方式。

1. 普通路由

为每个 VLAN 单独分配一个路由器端口。每个物理端口就是对应 VLAN 的网关，VLAN 间的数据通信通过路由器进行三层路由，这样就可以实现 VLAN 之间相互通信，普通路由如图 3-5 所示。

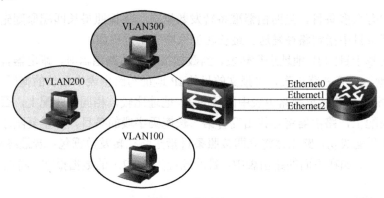

图 3-5 普通路由

但是，随着每个交换机上 VLAN 数量的增加，这样做必然需要大量的路由器端口。出于成本的考虑，一般不可能用这种方案来解决 VLAN 间路由选路问题。此外，某些 VLAN 之间可能不需要经常进行通信，这样导致路由器的端口没被充分利用。

2. 单臂路由

为了解决物理端口需求过大的问题，在 VLAN 技术的发展中，出现了一种名为单臂路由的技术，用于实现 VLAN 间的通信。它只需要一个以太网端口，通过创建子端口可以承担所有 VLAN 的网关，从而在不同的 VLAN 间转发数据。

单臂路由如图 3-6 所示，在该图中，路由器仅仅提供一个支持 IEEE 802.1q 封装的以太网端口，在该端口下提供 3 个子端口分别作为 3 个 VLAN 用户的默认网关，路由器的以太口子端口设置封装类型为 Dot1q。当 VLAN100 的用户需要与其他 VLAN 的用户进行通信时，该用户只需将数据包发送给默认网关，默认网关修改数据帧的 VLAN 标签后再发送至目的主机所在 VLAN，从而完成 VLAN 间的通信。

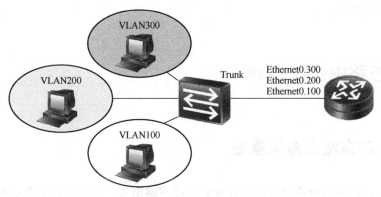

图 3-6 单臂路由

但是，此方法也有很大的问题。当 VLAN 间的数据流量过大时，路由器与交换机之间的链路将成为网络的瓶颈。

3．三层交换

在实际网络搭建中，三层交换技术成为解决 VLAN 间通信的首选方式，三层交换如图 3-7 所示。

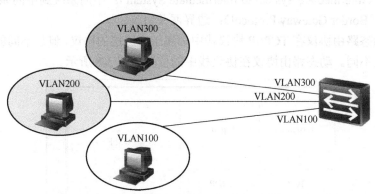

图 3-7 三层交换

三层交换需要使用三层交换机。三层交换机可以理解为二层交换机和路由器在功能上的集成，当然，绝对不是简单的叠加。三层交换机在功能上实现了 VLAN 的划分、VLAN 内部的二层交换和 VLAN 间路由的功能。

三层交换机基本工作原理为：三层交换机通过路由表传输第一个数据流后，会产生一个 MAC 地址与 IP 地址的映射表。当同样的数据流再次通过时，将根据此表直接从二层通过而不是通过三层，从而消除了路由器进行路由选择而造成的网络延迟，提高了数据包转发效率。另外，为了保证第一次数据流通过路由表正常转发，路由表中必须有正确的路由表项。因此必须在三层交换机上部署三层端口及路由协议，实现三层路由可达，逻辑端口 VLANIF 由此而产生。

3.2 动态路由协议基础

3.2.1 动态路由协议概述

路由表可以是由系统管理员固定设置好的静态路由表，也可以是配置动态路由协议根据网络系统的运行情况而自动调整的路由表。根据所配置的路由协议提供的功能，动态路由可以自动学习和记忆网络运行情况，在需要时自动计算数据传输的最佳路径。它适应大规模和复杂的网络环境应用。

常见的路由协议如下所述。

- RIP（Routing Information Protocol）：路由信息协议；
- OSPF（Open Shortest Path First）：开放式最短路径优先；
- IS-IS（Intermediate System to Intermediate System）：中间系统到中间系统；
- BGP（Border Gateway Protocol）：边界网关协议。

所有的动态路由协议在 TCP/IP 协议栈中都属于应用层的协议，但是不同的路由协议使用的底层协议不同。动态路由协议在协议栈中的位置如图 3-8 所示。

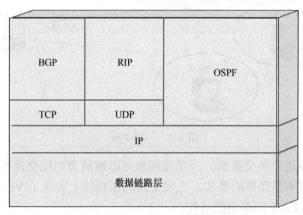

图 3-8　动态路由协议在协议栈中的位置

OSPF 工作在网络层，将协议报文直接封装在 IP 报文中，协议号为 89，由于 IP 协议本身是不可靠传输协议，所以 OSPF 传输的可靠性需要协议本身来保证。

BGP 工作在应用层，使用 TCP 作为传输协议，提高了协议的可靠性，TCP 的端口号为 179。

RIP 工作在应用层，使用 UDP 作为传输协议，端口号为 520。

动态路由协议配置后，通过交换路由信息，生成并维护转发路由表。当网络拓扑改变时动态路由协议可以自动更新路由表，并负责决定数据传输最佳路径。

动态路由协议的优点是可以自动适应网络状态的变化，自动维护路由信息而不需要网络管理员的参与。其缺点为由于需要相互交换路由信息，因而占用网络带宽与系统资源。另外，其安全性也不如静态路由。

在有冗余连接的复杂大型网络环境中，适合采用动态路由协议。

3.2.2 动态路由协议分类

动态路由协议有几种划分方法，按照工作区域，路由协议可以分为 IGP 和 EGP。
- IGP（Interior Gateway Protocol）内部网关协议。在同一个自治系统内交换路由信息，RIP 和 IS-IS 都属于 IGP。IGP 的主要目的是发现和计算自治域内的路由信息。
- EGP（Exterior Gateway Protocol）外部网关协议。用于连接不同的自治系统，在不同的自治系统之间交换路由信息，主要使用路由策略和路由过滤等控制路由信息在自治域间的传播，应用的一个实例是 BGP。

一个自治系统（AS）是一组共享相似的路由策略并在单一管理域中运行的路由器集合。一个 AS 可以是一些运行单个 IGP 的路由器集合，也可以是一些运行不同路由协议但都属于同一个组织机构的路由器集合。不管是哪种情况，外部世界都将整个 AS 看成一个实体。

每个自治系统都有一个唯一的自治系统编号，这个编号是由因特网授权的管理机构 IANA 分配的。自治系统的编号范围是 1~65535，其中 1~65411 是注册的因特网编号，65412~65535 是专用网络编号，通过不同的编号来区分不同的自治系统。这样，当网络管理员不希望自己的通信数据通过某个自治系统时，这种编号方式就十分有用了。例如，该网络管理员的网络可以访问某个自治系统，但由于它可能是由竞争对手在管理，或是缺乏足够的安全机制，因此，可能要回避它。通过采用路由协议和自治系统编号，路由器就可以确定彼此间的路径和路由信息的交换方法。

按照路由的寻径算法和交换路由信息的方式，路由协议可以分为距离矢量路由协议（Distance Vector）和链路状态路由协议（Link State）。距离矢量协议包括 RIP 和 BGP，链路状态协议包括 OSPF、IS-IS。

距离矢量路由协议基于贝尔曼－福特算法（DV 算法），使用该算法的路由器通常以一定的时间间隔向相邻的路由器发送其完整的路由表。接收到路由表的邻居路由器将收到的路由表和自己的路由表进行比较，新的路由或到已知网络但开销更小的路由都被加入路由表中。然后相邻路由器再继续向外广播自己的路由表（包括更新后的路由）。距离矢量路由器关心的是到目的网段的距离（Metric）和矢量（方向，从哪个端口转发数据）。

距离矢量路由协议的优点是配置简单，占用较少的内存和 CPU 处理时间。其缺点是扩展性较差，比如 RIP 最大跳数不能超过 16 跳。

链路状态路由协议基于 Dijkstra 算法（LS 算法），有时被称为 SPF（Shortest Path First，最短路径优先）算法。LS 算法提供比 DV 算法更大的扩展性和快速收敛性，但是它的算法耗费更多的路由器内存和处理能力。LS 算法关心网络中链路或端口的状态（Up、Down、IP 地址、掩码），每个路由器将自己已知的链路状态向该区域的其他路由器通告，这些通告称为 LSA（Link State Aadvertisement，链路状态通告）。通过这种方式区域内的每台路由器都建立了一个本区域的完整链路状态数据库。然后路由器根据收集到的链路状态信息来创建自己的网络拓扑，形成一个到各个目的网段的带权有向图。

3.2.3 动态路由协议的性能指标

一个好的动态路由协议要求具备以下几点。
- 正确性。路由协议能够正确找到最优的路由，并且是无路由自环。
- 快收敛。当网络的拓扑发生变化时，路由协议能够迅速更新路由，以适应新的网络拓扑。
- 低开销。要求路由器运行路由协议时，需要消耗的系统资源（如内存、CPU）应最小。
- 安全性。协议自身不易受攻击，有安全机制。
- 普适性。能适应各种网络拓扑和各种规模的网络，扩展性好。

3.3 RIP 协议

3.3.1 RIP 协议概述

RIP（Routing Information Protocol，路由信息协议）是一种较为简单的内部网关协议 IGP，主要应用于规模较小的网络中，如校园网和结构较简单的地区性网络。对于更为复杂的环境和大型网络，一般不使用 RIP 协议。

RIP 是一种基于距离矢量算法的协议，它通过 UDP 报文进行路由信息的交换，使用端口号为 520。

RIP 使用跳数来衡量到达目的地址的距离，换句话说，RIP 采用跳数作为度量值。在

RIP 中，默认情况下，设备到与它直接相连网络的跳数为 0，通过一个设备可达的网络的跳数为 1，其余依次类推。也就是说，度量值等于从本网络到达目的网络间的设备数量。为限制收敛时间，RIP 规定度量值取 0~15 之间的整数，大于或等于 16 的跳数被定义为无穷大，即目的网络或主机不可达。由于这个限制，使得 RIP 不可能在大型网络中得到应用。

RIP 包括两个版本，RIPv1 与 RIPv2。两者原理相同，RIPv2 是对 RIPv1 的增强。RIPv1 是有类别路由协议，协议报文中不携带掩码信息，不支持 VLSM，不支持手工汇总，只支持以广播方式发布协议报文。RIPv2 支持 VLSM，协议报文中携带掩码信息，支持明文认证和 MD5 密文认证，支持手工汇总，支持以广播或者组播的形式发送报文。

3.3.2 RIP 协议工作过程

1. RIP 路由器、路由表的建立

RIP 协议启动时的初始路由表仅包含本路由器的一些直连端口路由，RIP 协议启动后的工作过程包括如下几个步骤。

① RIP 协议启动后向各端口广播一个 Request 报文。

② 邻居路由器的 RIP 协议从某端口收到 Request 报文后，根据自己的路由表，形成 Response 报文向该端口对应的网络广播。

③ IP 接收邻居路由器回复的包含邻居路由器路由表的 Response 报文，形成路由表，RIP 协议以 30s 为周期用 Response 报文广播自己的路由表。

收到邻居发送而来的 Response 报文后，RIP 协议计算报文中的路由项的度量值，比较其与本地路由表路由项度量值的差别，更新自己的路由表。报文中路由项度量值的计算：metric = MIN（metric + cost，16），metric 为报文中携带的度量值信息，cost 为接收报文的网络开销，默认为 1，16 代表不可达。

RIP 根据 DV 算法的特点，将协议的参加者分为主动机和被动机两种。主动机主动向外广播路由刷新报文，被动机被动地接收路由刷新报文。一般情况下，主机作为被动机，路由器则既是主动机又是被动机，即在向外广播路由刷新报文的同时，接收来自其他主动机的 DV 报文，并进行路由刷新。

2. RIP 路由器、路由表的更新

① 当本路由器从邻居路由器收到路由更新报文时，根据以下原则更新本路由器的 RIP 路由表。

- 对本路由表中已有的路由项，当该路由项的下一跳是邻居路由器时，不论度量值增大还是减少，都更新该路由项（度量值相同时只将其老化定时器清零）；当该路由项的下一跳不是邻居路由器时，只在度量值减少时更新该路由项。
- 对本路由表中不存在的路由项，在度量值小于不可达（16）时，在路由表中增加该路由项。

② 路由表中的每一路由项都对应一老化定时器，当路由项在 180s 内没有任何更新时，定时器超时，该路由项的度量值变为不可达（16）。

③ 某路由项的度量值变为不可达后，以该度量值在 Response 报文中发布四次（120s），之后从路由表中清除。

3.3.3 RIP 协议的配置

RIP 协议常用的配置命令如表 3-4 所示。

表 3-4 RIP 协议常用的配置命令

常用命令	作 用
system-view	进入系统视图
rip [process-id]	启动 RIP，进入 RIP 视图
network network-address	按照主类在指定网段使能 RIP
version { 1	2 }	指定全局 RIP 版本
rip version {1	2[broadcast	multicast]}	指定端口接收的 RIP 版本（端口视图）
rip metricin value	设置端口在接收路由时增加的度量值
rip metricout { value	{ acl-number	acl-name| ip-prefix ip-prefix-name } value1 }	设置端口在发布路由时增加的度量值（端口视图）
preference	设置 RIP 协议的优先级，默认为 100（进程视图）
maximum load-balancing number	设置 RIP 最大等价路由条数（进程视图）
import-route { static	direct	rip　process-id }	引入外部路由信息（进程视图）
rip summary-address ip-address mask	配置 RIP-2 发布聚合的本地 IP 地址（端口视图）
rip split-horizon	启动水平分割（端口视图，默认开启）
rip poison-reverse	启动毒性反转（端口视图，默认关闭）
display rip [process-id]	查看 RIP 的当前运行状态及配置信息
display rip process-id route	查看所有激活、非激活的 RIP 路由
display default-parameter rip	查看 RIP 的默认配置信息

3.4 OSPF 协议

3.4.1 OSPF 协议概述

OSPF（Open Shortest Path First，开放式最短路径优先协议）是当今最流行、使用最广泛的路由协议之一。OSPF 是一种链路状态协议，它克服了 RIP 路由信息协议和其他距离向量协议的缺点。OSPF 还是一个开放的标准,来自多个厂家的设备可以实现协议互联。

OSPF 发展主要经过了 3 个版本:OSPFv1 在 RFC1131 中定义,该版本只处于试验阶段并未公布;现今在 IPv4 网络中主要应用 OSPFv2,它最早在 RFC1247 中定义,之后在 RFC2328 中得到完善和补充;面对 IPv4 地址耗尽问题,将现有版本改进为 OSPFv3,从而能很好地支持 IPv6。在本书中 OSPF 默认为版本 2。

OSPF 直接运行于 IP 协议之上,使用 IP 协议号 89。

OSPF 具有以下特点。

① 支持无类域间路由 CIDR 和可变长度子网掩码 VLSM。OSPF 在通告路由信息时在其协议报文中携带子网掩码,使其能很好地支持 VLSM 和 CIDR。

② 无路由自环。在该协议中采用 SPF(最短路径优先)算法,形成一棵最短路径树,从根本上避免了路由环路的产生。

③ 支持区域分割。为了防止区域边界范围过大,OSPF 允许自治系统内的网络被划分成区域来管理。通过划分区域实现更加灵活的分级管理。

④ 路由收敛变化速度快。OSPF 作为链路状态路由协议,其更新方式采用触发式增量更新,即网络发生变化时会立刻发送通告出去,而不像 RIP 那样要等到更新周期的到来才会通告,同时其更新也只发送改变部分,只在很长时间段内才会周期性更新,默认为 30min 一次,因此它的收敛速度要比 RIP 快很多。

⑤ 使用组播和单播收发协议报文。为了防止协议报文过多占用网络流量,OSPF 不再采用广播的更新方式,而是使用组播和单播方式,大大减少了协议报文发送数目。

⑥ 支持等价负载分担。OSPF 只支持等价负载分担,即只支持从源到目标开销值完全相同的多条路径的负载分担。默认为 4 条,最大为 8 条。它不支持非等价负载分担。

⑦ 支持协议报文的认证,为了防止非法设备连接到合法设备从而获取全网路由信息,只有通过验证才可以形成邻接关系。

3.4.2 OSPF 协议工作过程

OSPF 工作原理可分为邻居发现、邻接关系建立、链路状态数据库 LSDB 同步、路由计算四个阶段。

1. 邻居发现阶段

在 OSPF 配置初始,每一台路由器都会向其物理直连邻居发送用于发现邻居的 Hello 报文,在 Hello 报文中包含如下信息:
- 始发路由器的路由器 ID(Router ID);
- 始发路由器端口的区域 ID(Area ID);

- 始发路由器端口的地址掩码；
- 始发路由器端口的认证类型和认证信息；
- 始发路由器端口的 Hello 时间间隔；
- 始发路由器端口的路由器无效时间间隔；
- 路由器的优先级；
- 指定路由器（DR）和备份指定路由器（BDR）；
- 标志可选性能的 5 个标记位；
- 始发路由器的所有有效邻居的路由器 ID。

路由器 ID 即 Router ID，它是唯一标志运行 OSPF 协议的一台路由器，在华为设备中经常设置掩码为 32bit 的 IP 主机地址，路由器 ID 产生原则有如下 3 条：

① 通过命令 router id ip-address 手工设置。由于环回口地址的稳定性，一般指定逻辑的环回口地址。

② 如果没有手工指定，则选择环回口 IP 地址；如果有多个环回口，则比较 IP 地址大的作为 Router ID。

③ 如果没有创建环回口，则选用物理端口 IP 地址，如果有多个 IP 地址，则同样选择 IP 地址最大的作为 Router ID。

当一台路由器从邻居路由器收到一个 Hello 数据包时，它将检验该 Hello 数据包携带的区域 ID、认证信息、网络掩码、Hello 间隔时间、路由器无效时间间隔，以及可选项的数值是否和接收端口上配置的对应值相一致。如果它们不一致，那么该数据包将被丢弃，而且邻接关系也无法建立。如果所有的参数都一致，那么这个 Hello 数据包就被认为是有效的。如果始发路由器 ID 已经在接收该 Hello 数据包端口的邻居表中列出，那么路由器无效时间间隔计时器将被重置。如果始发路由器 ID 没有在邻居表中列出，那么就把这个路由器 ID 加入邻居表中。

2．邻接关系建立阶段

如果一台路由器收到了一个有效的 Hello 数据包，并在这个 Hello 数据包中发现了自己的路由器 ID，那么这台路由器就认为是双向通信建立成功了。

但是在多路访问网络当中并不是所有物理直连邻居都会形成邻接关系，在这里涉及指定路由器（Designated Router，DR）和备用指定路由器（Backup Designated Router，BDR）的选举。

假如在 OSPF 邻接关系建立过程中，满足条件的直连邻居均可建立邻接关系。不存在 DR 时的邻接关系如图 3-9 所示。RTA 直连的邻居有三个，也就是说根据前述条件，此时会有三个邻接关系建立，如果每个路由器两两都建立邻接关系的话，那么将会有 $N(N-1)/2$ 个邻接关系建立。对于如此多的邻接关系，则会对网络的收敛速度产生很大影响。

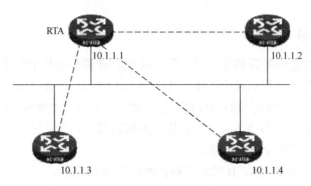

图 3-9　不存在 DR 时的邻接关系

为了减少邻接关系的数量，从而减少链路状态信息及路由信息的交换次数、节省带宽、降低对路由器处理能力的压力，故在广播型网络和 NBMA 网络中通过选举产生一个 DR 和一个 BDR。一个既不是 DR 也不是 BDR 的路由器则被称为 DRother，在邻接关系建立过程当中，DRother 只与 DR 和 BDR 形成邻接关系并交换链路状态信息及路由信息，这样大大减少了大型广播型网络和 NBMA 网络中的邻接关系数量，从而提高了路由收敛速度。存在 DR 时的邻接关系如图 3-10 所示，虽然 RTA 有三个邻居，但是只与 DR 和 BDR 形成两个邻接关系。与另一个路由器只有邻居关系没有邻接关系，因而不交互路由信息。

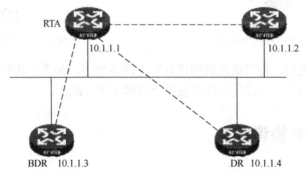

图 3-10　存在 DR 时的邻接关系

DR 和 BDR 选举时，首先比较路由器优先级，优先级数值大成为 DR，次之则成为 BDR。路由优先级数值范围为 0～255，其中默认值为 1，0 则表示不参与 DR 和 BDR 选举。如果路由优先级相同，则比较 Router ID，数值大的为 DR，次之则成为 BDR。

3. 链路状态数据库 LSDB 同步阶段

在建立邻接关系以后，发布 LSA 来交互链路状态信息，通过获得对方 LSA 同步 OSPF 区域内的 LSDB。在 OSPF 中链路状态信息的通告采用增量的触发式更新，它每隔 30min 周期性通告一次 LSA 摘要信息。LSA 的死亡时间是 60min。

4. 路由计算阶段

首先计算路由器之间每段链路开销,即 cost 值,计算公式是 10^8/端口带宽。SPF 算法物理拓扑如图 3-11 所示,假如每段链路带宽都是 100 Mbps,那么四台设备之间每条链路开销就是 10^8/100 Mbps=1。计算出的 cost 值 1 没有单位,只是一个数值,用来做大小的比较。

然后利用 SPF 算法以自身为根节点计算出最短路径树。在此树上,由根到各个节点累计开销最小的就是去往各个节点的路由。

路由器 D 到路由器 C、A、B 的最短路径树如图 3-12 所示。

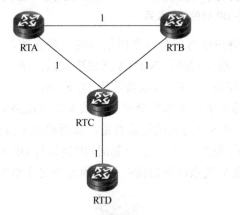
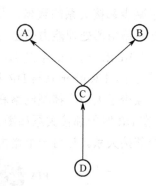

图 3-11　SPF 算法物理拓扑　　　　　图 3-12　最短路径树

最后计算完成之后,将开销最低的路径写入路由表中。如果到达同一目的节点开销数值相同,则会负载均衡,也就是在路由表中会有多个下一跳。

3.4.3　OSPF 协议报文

在 OSPF 工作过程中,通过交互以下五种报文,保证 OSPF 协议正常运作。

1. Hello 报文

在刚配置了 OSPF 时,每台设备都会向其物理直连设备以组播的形式周期性地发送 Hello 报文,并发送到特定的组播地址 224.0.0.5。针对不同的网络类型其 hello time interval 也不同。其作用主要包括发现邻居、建立邻居关系、维护邻居关系、选择 DR 和 BDR、确保双向通信。

2. DD 报文

DD 报文即数据库描述报文(Database Description),两台路由器进行 LSDB 数据库同步时,用 DD 报文来描述自己的 LSDB。它只包含自身 LSA 的摘要信息,即每一条 LSA 的头部 Header（LSA Header 可以唯一标志一条 LSA）。LSA Header 只占一条 LSA 整个数据量的一小部分，这样可以减少路由器之间的协议报文流量，对端路由器根据 LSA Header 就可以判断出是否已有这条 LSA。

3. LSR 报文

LSR 报文即链路状态请求报文（Link States Request）。当两台路由器彼此收到对方 DD 报文之后，和自身 LSDB 进行比较，如果自身缺少某些 LSA，则发送 LSR，该报文也只包含 LSA 摘要信息。

4. LSU 报文

LSU 即链路状态更新报文（Link States Update），接收到 LSR 报文的路由器，将对端缺少的 LSA 完整信息包含在 LSU 报文中发送给对端，一个 LSU 报文可以携带多条 LSA。

5. LSAck 报文

LSAck 报文即链路状态确认报文（Link State Acknowledgment），它用来对可靠报文进行确认。

3.4.4 OSPF 网络类型

OSPF 网络类型是指运行 OSPF 协议网段的二层链路类型。并非所有的邻居关系都可以形成邻接关系而交换链路状态信息及路由信息，这与网络类型有关。

运行 OSPF 协议的网络有以下五种网络类型。

1. 点对点网络（Point to Point）

点到点网络如图 3-13 所示。它是把采用点到点协议的两台路由器直接相连的网络，如 PPP、HDLC、LAPB 等点到点协议，在华为设备中默认封装方式为 PPP。在该类型的网络中，以组播形式（224.0.0.5）发送协议报文（Hello 报文、DD 报文、LSR 报文、LSU 报文、LSAck 报文）。

2. 广播网络（Broadcast）

广播网络又称为多路访问网络，如图 3-14 所示。它的数据链路层协议是 Ethernet。OSPF 默认网络类型是 Broadcast。在该类型网络下，路由器有选择地建立邻接关系。通常以组播形式发送 Hello 报文、LSU 报文和 LSAck 报文。其中，224.0.0.5 的组播地址为 OSPF 路由器的预留 IP 组播地址；224.0.0.6 的组播地址为 OSPF DR 路由器的预留 IP 组播地址。以单播形式发送 DD 报文和 LSR 报文。

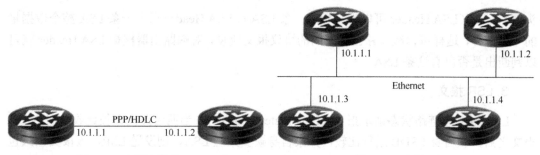

图 3-13　点到点网络　　　　　　　　　图 3-14　广播网络

3. 非广播多路访问网络（Non-Broadcast Multi-Access，NBMA）

非广播多路访问网络如图 3-15 所示。在帧中继协议或者 ATM 网络中运行 OSPF 情况下默认网络类型为 NBMA，即不会发送任何广播、组播、单播报文，因此在该网络类型中，OSPF 不能自动发现对端，故需要手工指定邻居，以单播形式发送协议报文（Hello 报文、DD 报文、LSR 报文、LSU 报文、LSAck 报文）。该组网方式要求网络中所有路由器构成全连接。

4. 点到多点网络（Point to Multipoint）

点到多点网络如图 3-16 所示。在 NBMA 网络中不能组成全连接时需要使用点到多点网络。将整个非广播网络看成一组点到点网络。每个路由器的邻居可以使用底层协议，如反向地址解析协议来发现。值得注意的是，P2MP 并不是一种默认的网络类型，一般由其他的网络类型经过手工修改之后形成。在该类型的网络中，以组播形式（224.0.0.5）发送 Hello 报文；以单播形式发送其他协议报文（DD 报文、LSR 报文、LSU 报文、LSAck 报文）。

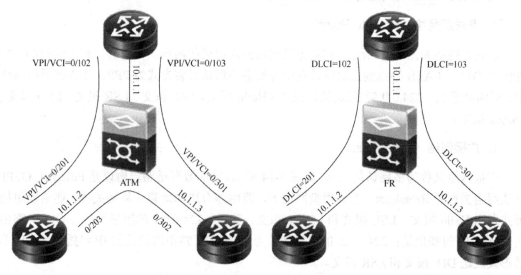

图 3-15　非广播多路访问网络　　　　　　　　　图 3-16　点到多点网络

5. 虚链路（Virtual Link）

虚链路同样并不作为一种默认的网络类型，它的提出是为解决某些特定的问题。如在图 3-17 所示的组网方式中，Area 2 通过 Area 1 连接到 Area 0，在 OSPF 域间路由信息通告原则中非骨干区域之间不能直接通告路由信息，必须经过骨干区，故此时 Area 2 不能经过 Area 1 直接通告信息给 Area 0。需要在分别连接 Area 0 和 Area 2 的 RTA 和 RTB 之间建立一条逻辑连接，将 Area 2 逻辑地连接到 Area 0，此虚拟的逻辑连接则被称为虚链路。

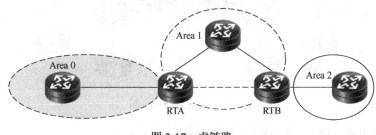

图 3-17　虚链路

3.4.5　OSPF 区域

随着网络规模日益扩大，当一个大型网络中的路由器都运行 OSPF 路由协议时，路由器数量的增多会导致 LSDB 非常庞大，占用大量的存储空间，并使运行 SPF 算法的复杂度增加，导致 CPU 负担很重。

在网络规模增大之后，拓扑发生变化的概率也增大，网络会经常处于"动荡"之中，造成网络中会有大量的 OSPF 协议报文在传递，降低了网络的带宽利用率。更为严重的是，每一次变化都会导致网络中所有的路由器重新进行路由计算。

OSPF 协议通过将自治系统划分成不同的区域（Area）来解决上述问题。区域是从逻辑上将路由器划分为不同的组，每个组用区域号（Area ID）来标志，骨干区域用 Area 0 表示。一个 OSPF 网络必须有一个骨干区域。

区域内的详细拓扑信息不向其他区域发送，区域间传递的是抽象的路由信息，而不是详细描述拓扑的链路状态信息。每个区域都有自己的 LSDB，不同区域的 LSDB 是不同的。路由器会为每一个自己所连接到的区域维护一个单独的 LSDB。由于详细链路状态信息不会被发布到区域以外，因此 LSDB 的规模大大缩小了。

为了避免区域间路由环路，非骨干区域之间不允许直接相互发布区域间路由信息。骨干区域负责在非骨干区域之间发布由区域边界路由器汇总的路由信息。如果因此造成孤立的区域问题，可以通过虚链路来解决。在部署网络时尽可能避免此类情况发生，部署网络的原则是：非骨干区域需要直接连接到骨干区域。

路由器根据其在区域内的任务，可以是下列一种或多种类型，区域划分示意图如图 3-18

所示。

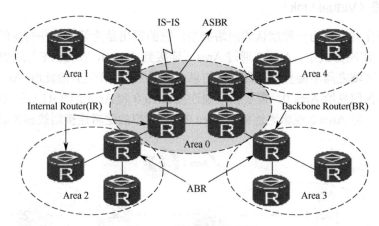

图 3-18 区域划分示意图

- 内部路由器（IR）：路由器的端口在同一个区域内；
- 骨干路由器（BR）：路由器至少有一个端口在 Area 0 内；
- 区域边缘路由器（ABR）：路由器至少有一个端口在 Area 0 并且至少有一个端口在其他区域；
- 自治系统边界路由器（ASBR）：路由器连接一个运行 OSPF 的 AS 到另一个运行其他协议（如 RIP 或 IGRP）的 AS。

3.4.6 路由引入

不同的路由协议之间是不能直接相互学习路由信息的，某些情况下，需要在不同的路由协议中共享路由信息，如从 RIP 学到的路由信息可能需要引入 OSPF 协议中去。这种在不同路由协议中间交换路由信息的过程被称为路由引入。不同路由协议之间的花销不存在可比性，也不存在换算关系，所以在引入路由时必须重新设置引入路由的 Metric 值，或者使用系统默认的数值。VRP 支持将一种路由协议发现的路由引入另一种路由协议中。

下面来看一个例子，如图 3-19 所示给出了路由引入连接图，在该图中，F1-R 和 Z-R 之间建立 OSPF 邻接关系，而 Z-R 和 F2-R 运行 RIP，通过命令 display ip routing-table 查看 F1-R 路由表，可以看出在 F1-R 上看不到 F2-R 的任何路由信息。

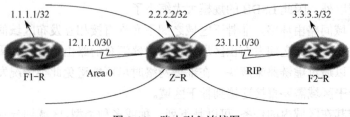

图 3-19 路由引入连接图

第 3 章 路由的实现

[F1-R]**display ip routing-table**
Route Flags: R - relay, D - download to fib
Routing Tables: Public
Destinations : 10   Routes : 10

Destination/Mask	Proto	Pre	Cost	Flags	NextHop	Interface
1.1.1.1/32	Direct	0	0	D	127.0.0.1	InLoopBack0
2.2.2.2/32	OSPF	10	1562	D	12.1.1.2	Serial1/0/0
12.1.1.0/30	Direct	0	0	D	12.1.1.1	Serial1/0/0
12.1.1.1/32	Direct	0	0	D	127.0.0.1	InLoopBack0
12.1.1.2/32	Direct	0	0	D	12.1.1.2	Serial1/0/0
12.1.1.3/32	Direct	0	0	D	127.0.0.1	InLoopBack0
127.0.0.0/8	Direct	0	0	D	127.0.0.1	InLoopBack0
127.0.0.1/32	Direct	0	0	D	127.0.0.1	InLoopBack0
127.255.255.255/32	Direct	0	0	D	127.0.0.1	InLoopBack0
255.255.255.255/32	Direct	0	0	D	127.0.0.1	InLoopBack0

此时，在 F1-R 上要想学习到 F2-R 的路由信息，必须要经过路由引入，也就是说在 ASBR 上将 RIP 路由信息引入 OSPF 中，使用命令如下。

[Z-R-ospf-1]**import-route rip**

之后再次查看 F1-R 路由表，显示信息如下。

[F1-R]**display ip routing-table**
Route Flags: R - relay, D - download to fib
Routing Tables: Public
Destinations : 12   Routes : 12

Destination/Mask	Proto	Pre	Cost	Flags	NextHop	interface
1.1.1.1/32	Direct	0	0	D	127.0.0.1	InLoopBack0
2.2.2.2/32	OSPF	10	1562	D	12.1.1.2	Serial1/0/0
3.3.3.3/32	**O_ASE**	**150**	**1**	**D**	**12.1.1.2**	**Serial1/0/0**
12.1.1.0/30	Direct	0	0	D	12.1.1.1	Serial1/0/0
12.1.1.1/32	Direct	0	0	D	127.0.0.1	InLoopBack0
12.1.1.2/32	Direct	0	0	D	12.1.1.2	Serial1/0/0
12.1.1.3/32	Direct	0	0	D	127.0.0.1	InLoopBack0
23.1.1.0/30	**O_ASE**	**150**	**1**	**D**	**12.1.1.2**	**Serial1/0/0**
127.0.0.0/8	Direct	0	0	D	127.0.0.1	InLoopBack0
127.0.0.1/32	Direct	0	0	D	127.0.0.1	InLoopBack0
127.255.255.255/32	Direct	0	0	D	127.0.0.1	InLoopBack0
255.255.255.255/32	Direct	0	0	D	127.0.0.1	InLoopBack0

在路由引入后的路由表中粗体字部分，Proto 字段显示为 O_ASE 表示该路由条目为 OSPF 外部路由，Pre 字段显示为 150 表示 OSPF 外部路由的优先级为 150，而 OSPF 协议

域内路由的优先级为 10。

除了 RIP 以外，Static、Direct 也可以作为外部路由引入 OSPF 中，并且不同 OSPF 进程之间也不能相互直接学习路由信息，需要路由引入。

3.4.7 OSPF 配置

在 OSPF 配置当中，常用命令及其作用如表 3-5 所示。

表 3-5 常用命令及其作用

常用命令	作用
router id router-id	手工指定 OSPF Router ID
ospf [process-id | router-id]	进入 OSPF 进程视图，同时在此视图也可以指定 Router ID
area area-id	进入 OSPF 区域视图
network ip-address wildcard-mask [description text]	配置区域所包含的网段。其中 description 字段用来为 OSPF 指定网段配置描述信息
ospf timer hello interval	端口发送 Hello 报文的时间间隔（端口视图）
ospf network-type { broadcast | nbma |p2mp | p2p }	配置 OSPF 端口的网络类型（端口视图）
ospf dr-priority priority	设置 OSPF 端口的 DR 优先级（端口视图）
peer ip-address [dr-priority priority]	配置 NBMA 网络的邻居（进程视图）
import-route { direct | static | rip | isis | bgp }	引入外部路由
display ospf [process-id] peer	查看 OSPF 邻接点的信息

3.5 IS-IS 协议

3.5.1 IS-IS 协议概述

IS-IS（Intermediate System to Intermediate System，中间系统到中间系统）协议是链路状态路由协议，工作在数据链路层，其标志为帧头前 2 个字节值为 0xFEFE，之后接着 1 个字节值为 0x83，使用最短路径优先 SPF（Shortest Path First）算法进行路由计算。它属于内部网关协议 IGP，用于自治系统内部。

IS-IS 最初是国际标准化组织 ISO 为无连接网络协议 CLNP（ConnectionLess Network Protocol）设计的一种动态路由协议。CLNP、IS-IS、ES-IS（EndSystem-IntermediateSystem，终端系统–中间系统）都是 ISO 定义的独立 OSI 第三层（网络层）的协议。

随着 TCP/IP 协议的流行，为了提供对 IP 路由的支持，IETF 在 RFC1195 中对 IS-IS 进行了扩充和修改，使它能够同时应用在 TCP/IP 和 OSI 环境中，称为集成 IS-IS（Integrated IS-IS 或 Dual IS-IS）。本章所指的 IS-IS，如不加特殊说明，均指集成 IS-IS。

在 OSI 术语中，主机（如 PC）被称为 ES（终端系统），路由器被称为 IS（中间系统）。ES-IS 可以说是一种终端系统和路由器之间的"语言"或路由协议。它用来使同一网段或链路的终端系统和路由器之间可以彼此发现对方，并可以让 ES 能够获悉其网络层地址。因此，ES-IS 在 CLNS 网络环境中的作用就好像 IP 网络中的 ICMP、ARP 与 DHCP 协议的协同工作。

在 ES-IS 工作过程中，终端系统通过发送 ESH（ESHello）报文到特定的地址，目的是向路由器通告自己的存在。路由器通过监听 ESH 报文，发现网络中存在的 ES，以便后续将到达特定 ES 地址的数据包转发给 ES。

在 ES-IS 中，路由器通过发送 ISH（ISHello）报文到特定地址，也向 ES 通告其自身的存在。ES 也监听 ISH，如果收到多个 IS 发送的 ISH，ES 将随即进行选择，并将所有数据都发送给这个 IS。

需要注意的是，通常的终端系统，如 PC，都不使用 ES-IS，因为这些 PC 运行的是 TCP/IP 协议栈，类似 ES-IS 的工作都由 TCP/IP 协议栈中的 ARP、ICMP、DHCP 协议来完成。

IS-IS 作为一个 IGP 动态路由协议，它的职责是在自治系统内部发现路由、传播路由，并进行路由计算，保证网络的快速收敛。相比同为 IGP 协议的 OSPF 协议，IS-IS 协议与 OSPF 协议的不同点如表 3-6 所示。

表 3-6 IS-IS 协议与 OSPF 协议的不同点

对 比 项	IS-IS 协议	OSPF 协议
协 议 类 型	链路层协议	IP 层协议
是否支持非 IP 协议	是	否
适 用 范 围	大型 ISP 中	在企业网和 ISP 中普遍使用
复 杂 度	产生较少的 LSP，而且一般使用一个区域	产生较多的 LSA，一般配置多个区域
可 扩 展 性	可以支持较大的单个区域	较大的网络一般划分为多个区域

IS-IS 协议经过多年的发展，已经成为一个可扩展的、功能强大的、易用的 IGP 路由选择协议，其优点可以概括如下。

- 在路由域内执行路由选择协议功能；
- 当网络出现故障后能够快速收敛；
- 提供无环路的网络；
- 提高网络的稳定性；
- 提高网络的可扩展性；

● 合理利用网络资源。

鉴于以上优点，运营商通过广泛应用和部署 IS-IS 协议，保证了网络的稳定性、安全性和可扩展性等。

3.5.2 IS-IS 区域划分、路由器类型和邻接关系

路由器之间进行通信前必须各自有特定标识，需要标识的内容有：①每个路由器 IS，通过 System ID 进行标识；②每个 IS 所属的区域，使用 Area ID 进行标识；③每个 IS 的类型。

由于 IS-IS 源于 OSI 参考模型，OSI 使用 NSAP（Network Service Access Point，类似于 IP 地址的概念），将 IS-IS 拓展到 TCP/IP 中后，可以使用 NET（Network Entity Titles）来标识路由器设备，其实 NET 是一个特殊的 NSAP 地址，如图 3-20 所示。

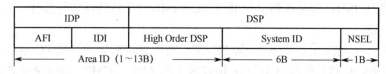

图 3-20 NSAP 地址组成

其中 N-Selector 部分为 0 表明为网络层服务。

整个 NSAP 地址由两大部分组成：IDP（Initial Domain Part）域间部分和 DSP（Domain Specific Part）域内服务部分。IDP 类似于 TCP/IP 地址中的主网络号；DSP 类似于 TCP/IP 地址中的子网络号、主机号和端口号。

其中 Area ID 的长度是可变的，长度范围为 1～13B。System ID 默认均为 6B，来源可以是 IP 地址和 MAC 地址转换。

与 OSPF 类似，路由器要通信需要建立邻居关系和邻接关系。
- 邻居关系：链路两端的 IS 都意识到对方的存在并可以进行协议报文的交互。
- 邻接关系：邻居双方进行链路状态信息的交换。
- IS 的类型：L1、L2、L1-2。
- 接口线路类型：L1、L2、L1-2。
- 邻接关系的类型：L1、L2、L1-2。

其中 IS 类型限定了接口线路的类型范围，IS 类型和接口线路类型共同限定了邻接关系的类型范围。

IS 类型和邻接类型的关系在不同的情况下不一样。

1. 相同区域下的邻接关系

相同区域下邻接关系的建立如图 3-21 所示。

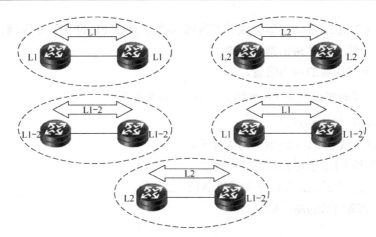

图 3-21 相同区域下邻接关系的建立

2. 不同区域下的邻接关系

不同区域下邻接关系的建立如图 3-22 所示。

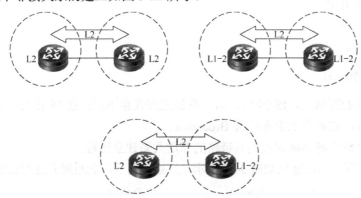

图 3-22 不同区域下邻接关系的建立

3. 邻接关系类型说明

（1）L1：只有同区域才能建立此关系

L1 的路由器有如下特点。

① 只拥有本区域的链路状态信息（类似于 OSPF 中的 stub 区域）。

② 只能通过 L1-2 路由器访问其他区域，如果同区域内有多个 L1-2，则通过 ATT 比特位来找到距离自己最近的 L1-2 路由器，找到后设置默认路由到达此 L1-2 路由器，完成数据转发。

（2）L2：无论是否同区域都能建立此关系

L2 的路由器有如下特点。

① 与其他 L2 或 L1-2 路由器构成骨干区域（类似于 OSPF 的 Area 0 区域）。
② 拥有整个骨干区域路由器的 LSP。
③ 拥有整个路由域的路由信息。

（3）L1-2：同时可以建立 L1 邻接关系和 L2 邻接关系

L2 的路由器有如下特点。
① 与其他 L2 或者 L1-2 路由器构成骨干。
② 拥有 L1 和 L1-2 的链路状态数据库。
③ 会在自己生产的 L1 的 LSP 中设置 ATT 比特位。
④ 拥有整个路由域的路由信息。

3.5.3　IS-IS 协议工作过程

IS-IS 网络中所有路由器之间实现通信，主要通过以下几个步骤。
① 邻居关系建立。
② LSDB 同步。
③ 路由计算。

1. 邻居关系建立

在不同类型的网络上，IS-IS 的邻居关系建立方式也不同。在 IS-IS 中，直接支持的链路类型只有两种：点到点 P2P 和广播 Broadcast。

以下分别介绍广播链路和点到点链路的邻居关系建立过程。

广播链路邻居关系的建立如图 3-23 所示，广播链路邻居关系建立过程如图 3-24 所示。

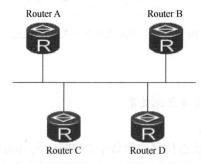

图 3-23　广播链路邻居关系的建立

Router A、Router B、Router C 和 Router D 都是 L2 路由器，Router A 新加入到此广播网络中。如图 3-24 所示只列出 Router A 和 Router B 建立邻居关系的过程，Router A 与 Router C 和 Router D 建立邻居关系的过程与此相同。

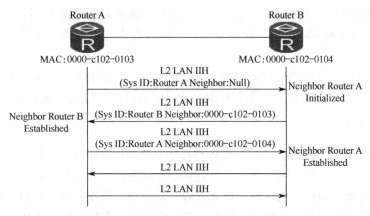

图 3-24 广播链路邻居关系建立过程图

由图 3-24 可以看出，IS-IS 网络中两台路由器建立邻居关系的过程如下。

① Router A 发送 LAN Hello 报文，Router B 收到此报文后，检测到 Neighbor（邻居）字段不包含本地 MAC 地址，则将自己和 Router A 的邻居状态标识为 Initialized（初始状态）。

② Router B 回复 LAN Hello 报文给 Router A，Router A 收到该报文，检测到 Neighbor 字段中包含了本地的 MAC 地址，于是将 Router B 邻居状态标识为 Established（建立状态）。

③ Router A 再次发送 LAN Hello 报文给 Router B，Router B 收到这个 Neighbor 字段包含本地 MAC 地址的 Hello 报文后，将 Router A 邻居状态标识为 Established。此时，邻居关系正式建立。

④ 选举 DIS。在广播网中，任意两台路由器之间都要传递信息。如果网络中有 n 台路由器，则需要建立 $n×(n-1)/2$ 个邻接关系。这使得任何一台路由器的状态变化都会导致多次传递，浪费了带宽资源。为解决这一问题，IS-IS 协议定义了 DIS，所有路由器都只将信息发送给 DIS，由 DIS 将网络链路状态广播出去。使用 DIS 和伪节点可以简化网络拓扑，使路由器产生的 LSP 报文长度较小。另外，当网络发生变化时，需要产生的 LSP 数量也会较少，减少 SPF 的资源消耗。

DIS 选举发生在邻居关系建立后，L1 和 L2 区域的 DIS 是分别选举的，用户可以为不同级别的 DIS 选举设置不同的优先级。IS-IS 协议选举 DIS 的过程是每一台路由器接口都被指定一个 L1 类型的优先级和 L2 类型的优先级，路由器通过每一个接口发送 Hello 数据包，并在 Hello 数据包中通告其优先级。DIS 优先级数值最大的被选为 DIS。如果优先级数值最大的路由器有多台，则其中 MAC 地址最大的路由器会被选中。不同级别的 DIS 可以是同一台路由器，也可以是不同的路由器。

在选举 DIS 过程中，IS-IS 协议与 OSPF 协议的不同点是：
- 优先级为 0 的路由器也参与 DIS 的选举；
- 当有新的路由器加入，并符合成为 DIS 的条件时，这个路由器会被选中成为新的 DIS，此更改会引起一组新的 LSP 泛洪。

⑤ P2P 链路邻居关系的建立。在 P2P 链路上，邻居关系的建立不同于广播链路，可分为两种方式：2-way 和 3-way。默认情况下，IS-IS 在点到点链路上执行 3-way 方式建立邻居关系。

- 2-way 方式：只要当前设备收到 IS-IS Hello 报文，就会单方向建立起邻居关系；
- 3-way 方式：通过三次发送 P2P 的 IS-IS Hello PDU 最终建立起邻居关系。

2. LSDB 同步

IS-IS 属于链路状态协议，IS-IS 设备直接从其他使用链路状态协议的路由器获得第一手的信息。每台路由器产生关于本身、直连网络及这些链路状态的信息，这些信息通过邻接路由器传向其他路由器，每台路由器都保存一份信息，但决不改动信息。最终每台路由器都有了一个相同的有关互联网络的信息，即完成链路状态数据库 LSDB（Link State Data Base）的同步。实现 LSDB 同步的这一过程就称为 LSP 泛洪。LSP 报文的泛洪指当一个路由器向相邻路由器报告自己的 LSP 报文后，相邻路由器再将同样的 LSP 报文传送到除发送该报文的路由器外的其他邻居，并这样逐级将 LSP 报文传送到整个层次内的一种方式。通过这种泛洪，整个层次内的每一个路由器都可以拥有相同的 LSP 信息，并保持 LSDB 的同步。

3. 路由计算

当网络达到收敛状态，即完成了 LSDB 同步的过程，IS-IS 就将使用链路状态数据库中的信息执行 SPF 路由计算，得到最短路径树，之后利用该最短路径树构建转发数据库，即建立路由表。

IS-IS 协议使用链路开销计算最短路径，在华为路由器上，接口的默认开销值为 10，且可以通过配置修改。一条路由的总代价为沿此路由路径方向的每一个出接口的开销值简单相加。到达某个目的地址可能存在多条路由，其中代价最小的为最优路由。

对于 L1 路由器来说，路由计算具有另外一个功能：为区域间路由选择计算到达最近的 L2 路由器的路径。当一台 L1-2 路由器与其他区域相连时，路由器将通过在其 LSP 中设置 ATT 位为 1 来通告这种情况，对于 L1 路由器，路由计算过程将选择开销最小的 L1-2 路由器作为其区域间的中介路由器。

3.5.4 IS-IS 协议报文

IS-IS 根据通信的需要，有如下几种报文：
- Hello 报文；
- LSP（Link State Packets）报文；
- CSNP（Complete Sequence Number Packets）报文；
- PSNP（Partial Sequence Number Packets）报文。

1. Hello 报文（IIH）

作用与 OSPF 中的 Hello 报文相同，Hello 报文根据不同的网络类型采用不同的形式。

（1）点到点链路 IIH

点到点链路 IIH 如图 3-25 所示。

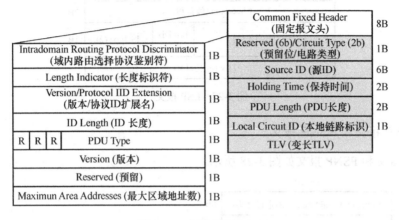

图 3-25　点到点链路 IIH

（2）广播链路 IIH

广播链路 IIH 如图 3-26 所示。

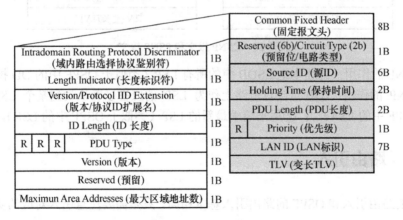

图 3-26　广播链路 IIH

在广播链路中，L1 和 L2 之间单独建立邻接关系。

2. LSP 报文

LSP 报文如图 3-27 所示。

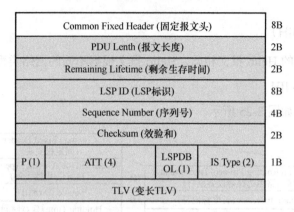

图 3-27　LSP 报文

3. CSNP 报文和 PSNP 报文

CSNP 报文和 PSNP 报文如图 3-28 所示。

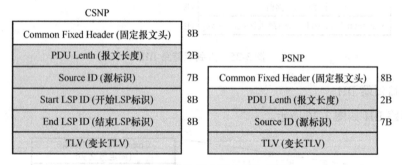

图 3-28　CSNP 报文和 PSNP 报文

- CSNP 的作用：描述本地 LSDB 中的所有 LSP（类似于 OSPF 中的 DD 报文）。
- PSNP 的作用：①在点到点链路上作为 LSP 的应答以确认收到某个 LSP（类似于 OSPF 中的 LSAck）；②用来请求最新的 LSP（类似于 OSPF 中的 LSR）。

3.5.5　路由引入

IS-IS 的路由引入和 OSPF 的路由引入基本相同，只是需要注意引入对应的协议或者对应的进程。

3.5.6　路由渗透

由于路由协议本身的限制，L1 区域只拥有本区域的路由信息，同时使用默认路由将数据送到 L1-2 路由器转发出去，所以 L1 路由器本身没有外界的路由信息。如果 L1 区域有多个 L1-2 路由器存在,则可能会导致次优路由的产生。

次优路由的产生是因为 L1 区域内的路由器没有外界路由信息,自然也就无法根据实际情况选择合适的默认路由来转发数据。由于 IS-IS 默认没有引入外部路由,所以需要进行路由渗透操作。路由渗透可以看成特殊的路由引入操作。

3.5.7 IS-IS 配置

常用命令及其作用如表 3-7 所示。

表 3-7 常用命令及其作用

常用命令	作用
isis [process-id]	系统视图,启动 IS-IS 进程,process-id 为进程号,默认为 1
network-entity {NET}	系统视图,配置 NET 值,同一个路由器最多可以配置 3 个
isis enable	接口视图,启动 IS-IS,将当前接口的网络地址发布到 IS-IS 进程中
is-level {level-1 | level-2 | level-1-2}	IS-IS 进程视图,更改路由器的 IS 类型,默认为 L1-2
isis circuit-level {level-1 | level-2 | level-1-2}	接口视图,更改接口线路类型,默认为 L1-2
import-route { direct | static | rip | isis | ospf | bgp }	IS-IS 进程视图,将其他协议或进程的路由信息引入当前 IS-IS 进程,引入协议为 RIP/OSPF/IS-IS 时,需要标注进程号
import-route isis level-2 into level-1	IS-IS 进程视图,将当前进程 L2 的路由信息引入 L1 区域中,实现路由渗透

3.6 BGP 协议

3.6.1 BGP 协议概述

动态路由协议可以按照工作范围分为 IGP 和 EGP。IGP 工作在同一个 AS 内,主要用来发现和计算路由,为 AS 内提供路由信息的交换;而 EGP 工作在 AS 与 AS 之间,在 AS 间提供无环路的路由信息交换,BGP 则是 EGP 的一种。BGP 是外部路由协议,用来在 AS 之间传递路由信息,是一种增强的距离矢量路由协议,BGP 具有如下特点。

- 可靠的路由更新机制;
- 丰富的 Metric 度量方法;
- 从设计上避免了环路的产生;
- 为路由附带属性信息;

- 支持 CIDR（无类别域间选路）；
- 丰富的路由过滤和路由策略。

3.6.2　BGP 协议工作过程

BGP 在运行时需要先建立对等体关系（类似于 OSPF 中的邻居关系），对等体关系有两种，分别为 IBGP（Internal BGP）和 EBGP（External BGP），BGP 运行方式如图 3-29 所示。

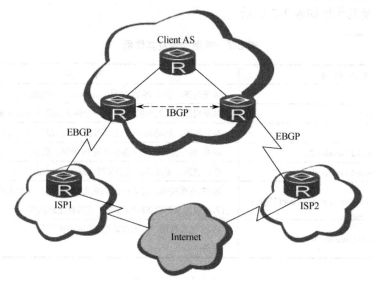

图 3-29　BGP 运行方式

当 BGP 运行于同一 AS 内部时，被称为 IBGP；当 BGP 运行于不同 AS 之间时，称为 EBGP。其邻居关系建立在 TCP 连接的基础上，端口号为 179。TCP 连接可以通过 IGP 或者静态路由提供保证。

BGP 消息中的角色主要包括以下两种。

- Speaker：发送 BGP 消息的设备称为 BGP 发言者（Speaker），它接收或产生新的路由信息，并发布（Advertise）给其他 BGP Speaker。当 BGP Speaker 收到来自其他 AS 的新路由时，如果该路由比当前已知路由更优，或者当前还没有该路由，它就把这条路由发布给所有其他 BGP Speaker（发送这条路由的 BGP Speaker 除外）。
- Peer：相互交换消息的 BGP Speaker 之间互称对等体（Peer），若干相关的对等体可以构成对等体组（Peer Group）。

BGP Speaker 需要按照一定的原则来发出路由通告消息。原则有如下四条。

① 连接一建立，BGP Speaker 将把自己所有 BGP 路由通告给新对等体。当去往同样的目的网络时，BGP Speaker 只选最优的给自己使用，且只把自己使用的最优路由通告给对等体。

② BGP Speaker 从 EBGP 获得的路由会向其所有的 BGP 对等体通告（包括 EBGP 和 IBGP）。

③ BGP Speaker 从 IBGP 获得的路由不会通告给它的 IBGP 邻居。

④ BGP Speaker 从 IBGP 获得的路由是否通告给它的 EBGP 对等体要依 IGP 和 BGP 同步的情况来决定。

3.6.3 BGP 协议报文

BGP 的运行是通过消息驱动的，共有 Open、Update、Notification、Keepalive 和 Route-Refresh 五种消息类型。

① **Open 消息**：是 TCP 连接建立后发送的第一个消息，用于建立 BGP 对等体之间的连接关系。对等体在接收到 Open 消息并协商成功后，将发送 Keepalive 消息确认并保持连接的有效性。确认后，对等体间可以进行 Update、Notification、Keepalive 和 Route-Refresh 消息的交换。

② **Update 消息**：用于在对等体之间交换路由信息。Update 消息可以发布多条属性相同的可达路由信息，也可以撤销多条不可达路由信息。

- 一条 Update 消息可以发布多条具有相同路由属性的可达路由，这些路由可共享一组路由属性。所有包含在一个给定的 Update 消息里的路由属性适用于该 Update 消息中的 NLRI（Network Layer Reachability Information）字段里的所有目的地址（用 IP 前缀表示）。
- 一条 Update 消息可以撤销多条不可达路由。每一个路由通过目的地址（用 IP 前缀表示），清楚的定义了 BGP Speaker 之间先前通告过的路由。
- 一条 Update 消息可以只用于撤销路由，这样就不需要包括路径属性或者 NLRI。相反，也可以只用于通告可达路由，就不需要携带撤销路由信息了。

③ **Notification 消息**：当 BGP 检测到错误状态时，就向对等体发出 Notification 消息，之后 BGP 连接会立即中断。

④ **Keepalive 消息**：BGP 会周期性的向对等体发出 Keepalive 消息，用来保持连接的有效性。

⑤ **Route-Refresh 消息**：Route-Refresh 消息用来通知对等体支持路由刷新能力（Route-Refresh Capability）。

在所有 BGP 设备使能 Route-Refresh 能力的情况下，如果 BGP 的入口路由策略发生了变化，本地 BGP 设备会向对等体发布 Route-Refresh 消息，收到此消息的对等体会将其路由信息重新发给本地 BGP 设备。这样，可以在不中断 BGP 连接的情况下，对 BGP 路由表进行动态刷新，并应用新的路由策略。

3.6.4 BGP 路径属性

对于企业和服务供应商所关心的问题，例如，如何过滤某些 BGP 路由？如何影响 BGP 的选路？通过使用 BGP 丰富的路由属性，就可以得到解决。BGP 路由属性是一组描述 BGP 前缀特性的参数，它对特定的路由进行更详细的描述。在配置路由策略时将广泛地使用各种路由属性。

1. BGP 路径的属性

BGP 路径属性分为以下四大类：
- 公认必遵（Well-Known Mandatory）；
- 公认任意（Well-Known Discretionary）；
- 可选过渡（Optional Transitive）；
- 可选非过渡（Optional Non-Transitive）。

公认属性是所有 BGP 路由器都必须识别的属性；可选属性不需要都被 BGP 路由器所识别。

（1）公认必遵

所有 BGP 路由器都可以识别，且必须存在于 Update 消息中。如果缺少这种属性，路由信息就会出错。

（2）公认任意

所有 BGP 路由器都可以识别，但不要求必须存在于 Update 消息中，可以根据具体情况来决定是否添加到 Update 消息中。

（3）可选过渡

BGP 路由器可以选择是否在 Update 消息中携带这种属性。接收的路由器如果不识别这种属性，可以转发给邻居路由器，邻居路由器可能会识别并使用到这种属性。

（4）可选非过渡

BGP 路由器可以选择是否在 Update 消息中携带这种属性。在整个路由发布的路径上，如果部分路由器不能识别这种属性，可能会导致该属性无法发挥效用。因此接收的路由器如果不识别这种属性，将丢弃这种属性，不必再转发给邻居路由器。

2. 常见 BGP 路由属性及其详解

（1）常见 BGP 路由属性

① Origin；
② AS-PATH；
③ Next Hop；
④ MED；

⑤ Local-Preference；

⑥ Automatic-Aggregate；

⑦ Aggregator；

⑧ Community；

⑨ Originator-ID；

⑩ Cluster-List；

⑪ MP-Reach-NLRI；

⑫ MP-Unreach-NLRI；

⑬ Extended-Communities。

（2）主要属性详解

① Origin 属性：起点属性，表示路由信息的来源。有三种属性取值：

- 通过 Network 命令注入 BGP 的路由，标记为 IGP，用"i"表示；
- 通过 EGP 学到的路由，标记为 EGP，用"e"表示，现实中基本消失；
- 其他情形，都为 Incomplete，以"?"典型为通过 Import 命令注入 BGP 的路由。Origin 属性在路由表中的表示方式如图 3-30 所示。

```
Total Number of Routes: 2
BGP Local router ID is 192.168.2.1
Status codes: * - valid, > - best, d - damped,
              h - history,  i - internal,  s - suppressed, S - Stale
              Origin : i - IGP, e - EGP, ? - incomplete
    Network           NextHop         MED         LocPrf     PrefVal Path/Ogn
*>  192.168.1.0       10.1.1.1        0                      0       100i
*   192.168.2.0       10.1.1.1        0                      0       100i
```

图 3-30 Origin 属性

② AS-PATH 属性：AS 路径属性是路由经过的 AS 序列，如图 3-31 所示。

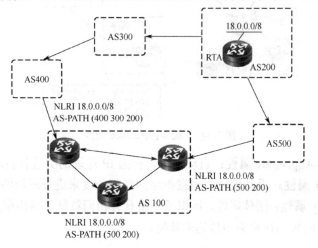

图 3-31 AS-PATH 属性

③ **Next Hop 属性**：下一跳属性，包含到达更新消息所列网络的下一跳边界路由器的 IP 地址，如图 3-32 所示。

④ **MED 属性**：当某个 AS 有多个入口时，用以帮助其外部的 AS 选择一个较好的入口路径，如图 3-33 所示。

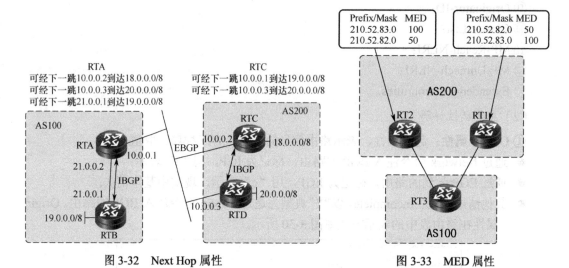

图 3-32　Next Hop 属性　　　　　　图 3-33　MED 属性

⑤ **Local-Preference 属性**：本地优先级属性，用于在 AS 内优选到达某一目的地址的路由，如图 3-34 所示。

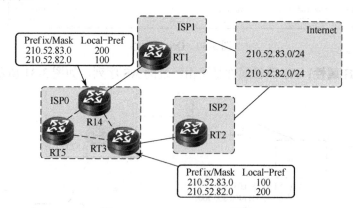

图 3-34　Local-Preference 属性

⑥ **Automatic-Aggregate 属性**：自动聚合，根据 IP 地址的类进行自动聚合。

⑦ **Aggregator 属性**：手动聚合，根据指定的掩码长度来进行网段的聚合。

⑧ **Community 属性**：团体属性，标识了一组具有相同特征的路由信息。目的是将路由信息编组，通过组的标识决定路由传递的策略。

3.6.5 BGP 路径选择

BGP 路径选择和 IGP 路由协议路径选择总体类似,但是由于 BGP 的属性很多,所以各种属性判断也有先后之别。

① 如果此路由的下一跳不可达,就忽略此路由。
② Preferred-Value 值高的优先。
③ Local-Preference 值最高的路由优先。
④ 聚合路由优先于非聚合路由。
⑤ 本地手动聚合路由的优先级高于本地自动聚合的路由。
⑥ 本地通过 Network 命令引入的路由优先级高于本地通过 Import-Route 命令引入的路由。
⑦ AS 路径长度最短的路径优先。
⑧ 比较 Origin 属性,IGP 优于 EGP,EGP 优于 Incomplete。
⑨ 选择 MED 较小的路由。
⑩ EBGP 路由优于 IBGP 路由。
⑪ BGP 优先选择到 BGP 下一跳的 IGP 度量最低的路径。

当以上全部相同且 AS-Path 完全一致时,则为等价路由,可以负载分担;当负载分担时,则以下三条原则无效:

- 比较 Cluster-List 长度,短者优先;
- 比较 Originator-ID(如果没有 Originator-ID,则用 Router ID 比较),选择数值较小的路径;
- 比较对等体的 IP 地址,选择 IP 地址数值最小的路径。

3.7 虚拟路由冗余 VRRP 协议

3.7.1 VRRP 工作原理

VRRP 将局域网的一组路由设备构成一个相当于一台虚拟路由器的 VRRP 备份组。局域网内的主机只需要知道这个虚拟路由器的 IP 地址,并不需要知道具体某台设备的 IP 地址。将网络内主机的默认网关设置为该虚拟路由器的 IP 地址,主机就可以利用该虚拟网关与外部网络进行通信。

VRRP 将该虚拟路由器动态关联到承担传输业务的物理设备上,当该设备出现故障时,再次选择新设备来接替业务传输工作,整个过程对用户完全透明,实现了内部网络和外部网络不间断通信。

虚拟路由器的实现原理如图 3-35 所示,Switch A、Switch B 和 Switch C 属于同一个 VRRP 备份组,组成一个虚拟的路由器,这个虚拟路由器有自己的 IP 地址 10.110.10.1。虚拟 IP 地址可以直接指定,也可以借用该 VRRP 组所包含设备的某端口地址。Switch A、Switch B 和 Switch C 的实际 IP 地址分别是 10.110.10.5、10.110.10.6 和 10.110.10.7。局域网内的 Master 只需要将默认路由设为 10.110.10.1 即可,无须知道具体设备上的端口地址。Master 利用该虚拟网关与外部网络通信。

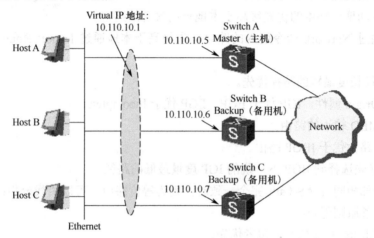

图 3-35　虚拟路由器的实现原理

虚拟路由器开启时,首先根据优先级的大小挑选 Master。Master 的选举方法:比较优先级的大小,优先级高者当选为 Master。当两台优先级相同的设备,如果已经存在 Master,则 Backup 不进行抢占。如果同时竞争 Master,则比较端口 IP 地址大小,IP 地址较大的端口所在设备当选为 Master,其他设备作为 Backup,随时监听 Master 的状态。当 Master 正常工作时,它会每隔一段时间(Advertisement-Interval)发送一个 VRRP 组播报文,以通知组内的 Backup,Master 处于正常工作状态。当组内的 Backup 一段时间(Master-Down-Interval)内没有接收到来自 Master 的报文,则将自己转为 Master。一个 VRRP 组里有多台 Backup 时,短时间内可能产生多个 Master,此时,设备会将收到 VRRP 报文中的优先级与本地优先级做比较,从而选取优先级高的设备做 Master。设备的状态变为 Master 之后,会立刻发送免费 ARP 来刷新交换机上的 MAC 表项,从而把用户的流量引到此台设备上来,整个过程对用户完全透明。

从上述分析可以看到,主机不需要增加额外工作,与外界的通信也不会因某台设备故障而受到影响。

3.7.2 VRRP 协议报文

VRRP 协议报文用来将 Master 设备的优先级和状态通告给同一虚拟路由器的所有 VRRP 路由器。VRRP 协议报文封装在 IP 报文中，发送到分配给 VRRP 的 IP 组播地址。在 IP 报文头中，源地址为发送报文的主端口地址（不是虚拟地址或辅助地址），目的地址是 224.0.0.18，TTL 是 255，协议号是 112，如图 3-36 所示。

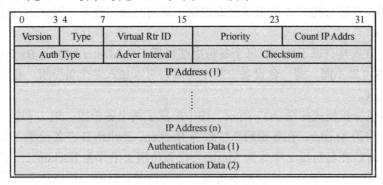

图 3-36　VRRP 协议报文的结构

各字段的含义如下。
- **Version**：VRRP 协议报文版本号。此处取值为 2。
- **Type**：VRRP 协议报文的类型。只有一种取值为 1，表示 Advertisement。
- **Virtual Rtr ID**：虚拟路由器 ID，取值范围是 1～255。
- **Priority**：发送 VRRP 协议报文的设备在备份组中的优先级，取值范围是 0～255，但可用的范围是 1～254。0 表示设备停止参与 VRRP 备份组，用来使备份设备尽快成为 Master 设备，而不必等到计时器超时；255 则保留给 IP 地址拥有者，默认值是 100。
- **Count IP Addrs**：VRRP 协议报文中包含的虚拟 IP 地址的个数（一个 VRRP 组可以支持多个虚拟 IP）。
- **Auth Type**：VRRP 协议报文的认证类型。协议中指定了 3 种类型：
- **Adver Interval**：发送协议报文的时间间隔。默认值为 1s。
- **Checksum**：校验和。
- **IP Address(n)**：VRRP 协议报文备份组的虚拟 IP 地址。
- **Authentication Data**：认证字。目前只有明文认证和 MD5 认证才用到该部分，对于其他认证方式，一律填为 0。

3.7.3 VRRP 工作方式

VRRP 工作的主备份方式，是 VRRP 提供 IP 地址备份功能的基本方式。主备方式需要建立一个虚拟路由器，该虚拟路由器包括一个 Master 和若干 Backup。

正常情况下，业务全部由 Master 承担。Master 出现故障时，Backup 接替工作。

VRRP 负载分担允许一台设备为多个 VRRP 备份组作备份。通过多个虚拟路由器可以实现负载分担。负载分担方式是指多台虚拟路由器同时承担业务，因此需要建立两个或更多的备份组。

负载分担方式具有以下特点：每个备份组都包括一个 Master 和若干 Backup，各备份组的 Master 设备可以不同。同一台设备上的不同端口可以加入多个备份组，在不同备份组中有不同的优先级。

VRRP 负载分担模式如图 3-37 所示，图中配置了两个备份组：组 1 和组 2。Switch A 在备份组 1 中作为 Master，在备份组 2 中作为 Backup。Switch B 在备份组 1 和 2 中都作为 Backup。Switch C 在备份组 2 中作为 Master，在备份组 1 中作为 Backup。一部分主机使用备份组 1 作网关，另一部分主机使用备份组 2 作为网关。这样，可以达到既分担数据流又相互备份的目的。

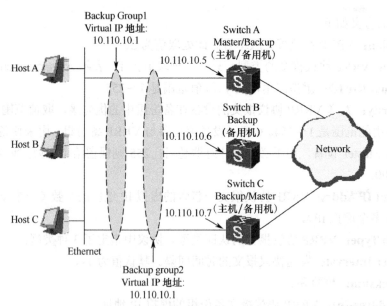

图 3-37 VRRP 协议负载分担模式

Master 和 Backup 会监控相关的参数来改变自己的状态。但是某些情况下，VRRP 无法感知非 VRRP 所在端口状态的变化，当上行链路出现故障时，VRRP 感知不到，从而导致

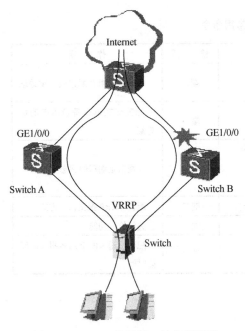

图 3-38 VRRP 监视端口的典型组网

业务中断。VRRP 监视端口的典型组网如图 3-38 所示。

Switch A 和 Switch B 两台设备运行 VRRP 协议，并且 Switch B 的优先级比 Switch A 的优先级的高，Switch B 以 Reduce 方式监视端口。Switch B 为 Master 设备，用户侧的流量通过主用设备 Switch B 出去。现在 Switch B 连向 Internet 的出端口出现故障，由于 Switch B 上面的 VRRP 以 Reduce 方式监视了这个端口，VRRP 的优先级降低，Switch A 抢占成为 Master，以后用户侧的流量则通过 Switch A 出去。

VRRP 可以监视所有端口的状态。当被监视的端口 Down 或 Up 时，该设备的优先级会自动降低或升高一定的数值，使得备份组中各设备优先级高低顺序发生变化，VRRP 设备重新进行 Master 竞选。

VRRP 可以通过 Increase 方式和 Reduce 方式来监视端口（一个 VRRP 最多可以监视 8 个端口）。如果 VRRP 以 Increase 方式监视一个端口，当被监视的端口状态变成 Down 后，VRRP 的优先级增加（增加值可以配置）。Increase 方式在 VRRP 状态为 Master 或 Backup 时都生效。如果 VRRP 以 Reduce 方式监视一个端口，当被监视的端口状态变为 Down 后，VRRP 的优先级降低（降低值可以配置）。Reduce 方式在 VRRP 状态为 Master 或 Backup 时都生效。

华为设备 VRRP 默认方式是抢占方式，延迟时间为 0，即立即抢占。立即抢占方式下，Backup 设备一旦发现自己的优先级比当前的 Master 优先级高，就会成为 Master；相应地，原来的 Master 将会变成 Backup。设置抢占延迟时间，可以使 Backup 延迟一段时间成为 Master。

在实际工作中配置 VRRP 备份组内各交换机的延迟方式时，建议将 Backup 配置为立即抢占，即不延迟（延迟时间为 0），而将 Master 配置为抢占，并且配置一定的延迟时间。这样配置的目的是为了在网络环境不稳定时，为上/下行链路的状态恢复一致性等待一定时间，以免出现双 Master 或由于双方频繁抢占导致用户设备学习到错误的 Master 地址。

3.7.4 VRRP 基本配置

VRRP 配置常用命令如表 3-8 所示。

表 3-8　VRRP 配置常用命令

常用命令	视图	作用
vrrp vrid virtual-router-id virtual-ip virtual-address	端口	创建备份组并配置虚拟 IP 地址
vrrp vrid virtual-router-id priority priority-value	端口	配置交换机在备份组中的优先级
vrrp vrid virtual-router-id track interface interface-type interface-number [increased value-increased|reduced value-reduced]	端口	监视指定端口的状态
Vrrpvrid virtual-router-id authentication-mode {simple key|md5 md5-key}，	端口	配置 VRRP 报文认证方式
vrrpvrid virtual-router-id preempt-mode disable	端口	关闭抢占功能
vrrp vrid virtual-router-id timer advertise advertise-interval	端口	配置发送 VRRP 通告报文的间隔时间

3.8　实训一　静态路由配置

1. 实验目的

本实验的主要目的是掌握静态路由的配置，掌握路由器逐跳转发的特性。

2. 实验拓扑

静态路由拓扑如图 3-39 所示。

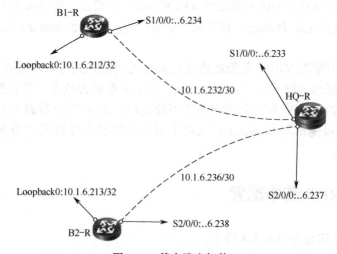

图 3-39　静态路由拓扑

路由器 HQ-R、B1-R 和 B2-R 通过串行链路连接，Loopback0 是路由器上的环回接口。在所有路由器上配置静态路由，使全网能够互通。

3. 配置步骤

step1：按图 3-39 配置接口 IP，并测试网络联通性。

① 配置 HQ-R。

  [HQ-R] **interface Serial 1/0/0**
  [HQ-R-Serial1/0/0]**ip address 10.1.6.233 30**
  [HQ-R-Serial1/0/0]**quit**
  [HQ-R]**interface Serial 2/0/0**
  [HQ-R- Serial2/0/0]**ip address 10.1.6.237 30**

② 配置 B1-R。

  [B1-R]**interface Loopback 0**
  #配置环回端口，用于测试#
  [B1-R- Loopback0]**ip address 10.1.6.212 32**
  #测试用地址#
  [B1-R- Loopback0]**quit**
  [B1-R]**interface Serial 1/0/0**
  [B1-R- Serial1/0/0]**ip address 10.1.6.234 30**

③ 配置 B2-R。

  [B2-R]**interface Loopback 0**
  [B2-R- Loopback0]**ip address 10.1.6.213 32**
  [B2-R- Loopback0]**quit**
  [B2-R]**interface Serial 2/0/0**
  [B2-R- Serial2/0/0]**ip address 10.1.6.238 30**

step2：配置静态路由。

① 配置 HQ-R。

  [HQ-R]**ip route-static 10.1.6.212 32 10.1.6.234**
  [HQ-R]**ip route-static 10.1.6.213 32 10.1.6.238**

② 配置 B1-R。

  [B1-R]**ip route-static 10.1.6.213 32 10.1.6.233**

③ 配置 B2-R。

  [B2-R]**ip route-static 10.1.6.232 30 10.1.6.237**
  [B2-R]**ip route-static 10.1.6.212 32 10.1.6.237**

4. 结果验证

（1）查看 IP 路由表

```
[B1-R]display ip routing-table
Route Flags: R - relay, D - download to fib
------------------------------------------------------------------------
Routing Tables: Public
         Destinations : 10       Routes : 10
```

Destination/Mask	Proto	Pre	Cost	Flags	NextHop	Interface
10.1.6.212/32	Direct	0	0	D	127.0.0.1	InLoopBack0
10.1.6.213/32	**Static**	**60**	**0**	**RD**	**10.1.6.233**	**Serial1/0/0**
10.1.6.232/30	Direct	0	0	D	10.1.6.234	Serial1/0/0
10.1.6.233/32	Direct	0	0	D	10.1.6.233	Serial1/0/0
10.1.6.234/32	Direct	0	0	D	127.0.0.1	InLoopBack0
10.1.6.235/32	Direct	0	0	D	127.0.0.1	InLoopBack0
127.0.0.0/8	Direct	0	0	D	127.0.0.1	InLoopBack0
127.0.0.1/32	Direct	0	0	D	127.0.0.1	InLoopBack0
127.255.255.255/32	Direct	0	0	D	127.0.0.1	InLoopBack0
255.255.255.255/32	Direct	0	0	D	127.0.0.1	InLoopBack0

HQ-R、B2-R 与 B1-R 类似。粗体字部分就是生效的路由。

（2）用 ping 命令检查连通性

[B1-R]ping –a 10.1.6.212 10.1.6.213

此处可以 ping 通，当然也能 ping 通其他网段，说明全网连通性正常。

3.9　实训二　默认路由配置

1. 实验目的

本实验的目的是掌握默认路由的配置和注意事项。

2. 实验拓扑

默认路由拓扑（见图 3-39）。

路由器 HQ-R、B1-R 和 B2-R 通过串行链路连接，Loopback0 是路由器上的环回接口，在所有路由器上配置静态路由，使全网能够互通。

3. 配置步骤

step1：按图 3-39 配置接口 IP，并测试网络联通性。

具体配置步骤略。

step2：配置默认路由和静态路由。

① 配置 HQ-R。

    [HQ-R]**ip route-static 10.1.6.212 32 10.1.6.234**

    [HQ-R]**ip route-static 10.1.6.213 32 10.1.6.238**

② 配置 B1-R。

    [B1-R]**ip route-static 0.0.0.0 0 10.1.6.233**

    #网络边缘的路由器，只有一个出口，这时候就只需要配一条默认路由#

③ 配置 B2-R。

    [B2-R]**ip route-static 0.0.0.0 0 10.1.6.237**

4. 结果验证

（1）查看 IP 路由表

[B1-R]**display ip routing-table**
Route Flags: R - relay, D - download to fib

Routing Tables: Public
        Destinations : 10   Routes : 10

Destination/Mask	Proto	Pre	Cost	Flags	NextHop	Interface
0.0.0.0/0	**Static**	**60**	**0**	**RD**	**10.1.6.233**	**Serial1/0/0**
10.1.6.212/32	Direct	0	0	D	127.0.0.1	InLoopBack0
10.1.6.232/30	Direct	0	0	D	10.1.6.234	Serial1/0/0
10.1.6.233/32	Direct	0	0	D	10.1.6.233	Serial1/0/0
10.1.6.234/32	Direct	0	0	D	127.0.0.1	InLoopBack0
10.1.6.235/32	Direct	0	0	D	127.0.0.1	InLoopBack0
127.0.0.0/8	Direct	0	0	D	127.0.0.1	InLoopBack0
127.0.0.1/32	Direct	0	0	D	127.0.0.1	InLoopBack0
127.255.255.255/32	Direct	0	0	D	127.0.0.1	InLoopBack0
255.255.255.255/32	Direct	0	0	D	127.0.0.1	InLoopBack0

[B2-R]**display ip routing-table**
Route Flags: R - relay, D - download to fib

Routing Tables: Public
        Destinations : 10   Routes : 10

Destination/Mask	Proto	Pre	Cost	Flags	NextHop	Interface
0.0.0.0/0	Static	60	0	RD	10.1.6.237	Serial2/0/0
10.1.6.213/32	Direct	0	0	D	127.0.0.1	InLoopBack0
10.1.6.236/30	Direct	0	0	D	10.1.6.234	Serial2/0/0

10.1.6.237/32	Direct	0	0	D	10.1.6.233	Serial2/0/0
10.1.6.238/32	Direct	0	0	D	127.0.0.1	InLoopBack0
10.1.6.239/32	Direct	0	0	D	127.0.0.1	InLoopBack0
127.0.0.0/8	Direct	0	0	D	127.0.0.1	InLoopBack0
127.0.0.1/32	Direct	0	0	D	127.0.0.1	InLoopBack0
127.255.255.255/32	Direct	0	0	D	127.0.0.1	InLoopBack0
255.255.255.255/32	Direct	0	0	D	127.0.0.1	InLoopBack0

粗体字部分是生效的默认路由。

（2）用 ping 命令检查连通性

[B1-R]**ping -a 10.1.6.212 10.1.6.213**

此处可以 ping 通，当然也能 ping 通其他网段，说明全网连通性正常。

3.10 实训三 RIPv2 配置

1. 实验目的

本实验的主要目的是掌握 RIPv2 的基本配置。

2. 实验拓扑

RIP 网络拓扑如图 3-40 所示。

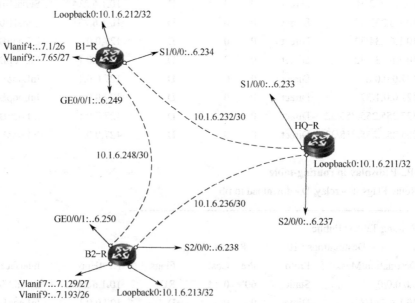

图 3-40 RIP 网络拓扑

路由器 HQ-R、B1-R 和 B2-R 通过以太网和串行链路连接，在所有路由器上配置 RIPv2 路由协议，使全网能够互通。

3. 配置步骤

step1：按图 3-40 配置接口 IP，并测试网络联通性。

具体配置步骤略。

step2：启动 RIP，并在指定网段使能 RIP。

① 配置 HQ-R。

  [HQ-R]**rip**

  [HQ-R-rip]**network 10.0.0.0**

  #通告主类网络，这个网段包含了 HQ-R 上所有的端口#

② 配置 B1-R。

  [B1-R]**rip**

  [B1-R-rip]**network 10.0.0.0**

③ 配置 B2-R。

  [B2-R]**rip**

  [B2-R-rip]**network 10.0.0.0**

step3：在各接口使能 RIPv2。

① 配置 HQ-R。

  [HQ-R]**interface Serial 1/0/0**

  [HQ-R-Serial2/0]**rip version 2**

  [HQ-R]**interface Serial 2/0/0**

  [HQ-R- Serial 2/0/0]**rip version 2**

  [HQ-R]**interface Loopback 0**

  [HQ-R-Loopback0]**rip version 2**

② 配置 B1-R。

  [B1-R]**interface serial 1/0/0**

  [B1-R- serial 1/0/0]**rip version 2**

  [B1-R]**interface Loopback 0**

  [B1-R-Loopback0]**rip version 2**

  [B1-R]**interface GigabitEthernet0/0/1**

  [B1-R- GigabitEthernet0/0/1]**rip version 2**

  [B1-R]**interface Vlanif4**

  [B1-R- Vlanif4]**rip version 2**

  [B1-R]**interface Vlanif9**

  [B1-R- Vlanif9]**rip version 2**

③ 配置 B2-R。

  [B2-R]**interface serial 2/0/0**

```
[B2-R- serial 2/0/0]rip version 2
[B2-R]interface Loopback 0
[B2-R-Loopback0]rip version 2
[B2-R]interface GigabitEthernet0/0/1
[B2-R- GigabitEthernet0/0/1]rip version 2
[B2-R]interface Vlanif7
[B2-R- Vlanif7]rip version 2
[B2-R]interface Vlanif9
[B2-R- Vlanif9]rip version 2
```

step4：取消路由自动聚合。

```
[HQ-R-rip]undo summary
[B1-R-rip]undo summary
[B2-R-rip]undo summary
```

4. 结果验证

（1）查看 IP 路由表

```
[HQ-R]display ip routing-table
Route Flags: R - relay, D - download to fib
------------------------------------------------------------
Routing Tables: Public
         Destinations : 20       Routes : 21
```

Destination/Mask	Proto	Pre	Cost	Flag	NextHop	Interface
10.1.6.211/32	Direct	0	0	D	127.0.0.1	InLoopBack0
10.1.6.212/32	**RIP**	**100**	**1**	**D**	**10.1.6.234**	**Serial1/0/0**
10.1.6.213/32	**RIP**	**100**	**1**	**D**	**10.1.6.238**	**Serial2/0/0**
10.1.6.232/30	Direct	0	0	D	10.1.6.233	Serial1/0/0
10.1.6.233/32	Direct	0	0	D	127.0.0.1	InLoopBack0
10.1.6.234/32	Direct	0	0	D	10.1.6.234	Serial1/0/0
10.1.6.235/32	Direct	0	0	D	127.0.0.1	InLoopBack0
10.1.6.236/30	Direct	0	0	D	10.1.6.237	Serial2/0/0
10.1.6.237/32	Direct	0	0	D	127.0.0.1	InLoopBack0
10.1.6.238/32	Direct	0	0	D	10.1.6.238	Serial2/0/0
10.1.6.239/32	Direct	0	0	D	127.0.0.1	InLoopBack0
10.1.6.248/30	**RIP**	**100**	**1**	**D**	**10.1.6.234**	**Serial1/0/0**
	RIP	**100**	**1**	**D**	**10.1.6.238**	**Serial2/0/0**
10.1.7.0/26	**RIP**	**100**	**1**	**D**	**10.1.6.234**	**Serial1/0/0**
10.1.7.64/27	**RIP**	**100**	**1**	**D**	**10.1.6.234**	**Serial1/0/0**
10.1.7.128/27	**RIP**	**100**	**1**	**D**	**10.1.6.238**	**Serial2/0/0**
10.1.7.192/26	**RIP**	**100**	**1**	**D**	**10.1.6.238**	**Serial2/0/0**

127.0.0.0/8	Direct	0	0	D	127.0.0.1	InLoopBack0
127.0.0.1/32	Direct	0	0	D	127.0.0.1	InLoopBack0
127.255.255.255/32	Direct	0	0	D	127.0.0.1	InLoopBack0
255.255.255.255/32	Direct	0	0	D	127.0.0.1	InLoopBack0

B1-R、B2-R 与 HQ-R 类似。由此可见，在 HQ-R 上已通过 RIPv2 学习掌握到达其他网段的路由。

（2）用 ping 命令检查连通性

[HQ-R]ping –a 10.1.6.211 10.1.6.213

此处可以 ping 通，当然也能 ping 通其他网段，说明全网连通性正常。

3.11　实训四　OSPF 单区域配置

1. 实验目的

掌握在特定接口或网络启用 OSPF 的方法；掌握修改 OSPF 优先级的方法；理解 OSPF 在以太网上的 DR/BDR 选择过程。

2. 实验拓扑

OSPF 单区域网络拓扑如图 3-41 所示。

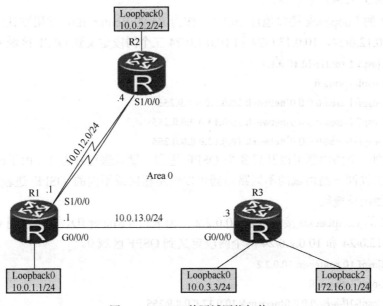

图 3-41　OSPF 单区域网络拓扑

3. 配置步骤

step1：按图 3-41 配置接口 IP，并测试网络联通性。

    [R1]**interface serial1/0/0**
    [R1-Serial1/0/0]**ip address 10.0.12.1 24**
    [R1-Serial1/0/0]**interface GigabitEthernet 0/0/0**
    [R1-GigabitEthernet0/0/0]**ip address 10.0.13.1 24**
    [R1-GigabitEthernet0/0/0]**interface loopback 0**
    [R1-LoopBack0]**ip address 10.0.1.1 24**

    [R2]**interface serial 1/0/0**
    [R2-Serial1/0/0]**ip address 10.0.12.2 24**
    [R2-Serial1/0/0]**interface loopback 0**
    [R2-LoopBack0]**ip address 10.0.2.2 24**

    [R3]**interface GigabitEthernet 0/0/0**
    [R3-GigabitEthernet0/0/0]**ip address 10.0.13.3 24**
    [R3-GigabitEthernet0/0/0]**interface loopback 0**
    [R3-LoopBack0]**ip address 10.0.3.3 24**
    [R3-LoopBack0]**interface loopback 2**
    [R3-LoopBack2]**ip address 172.16.0.1 24**

step2：配置 OSPF 路由协议。

定义 R1 的 Loopback 接口地址 10.1.1.1 作为 R1 的 Router ID，使用默认的 OSPF 进程号 1，将 10.0.12.0/24、10.0.13.0/24 和 10.0.1.0/24 三个网段定义到 OSPF 区域 0。

    [R1]**ospf 1 router-id 10.0.1.1**
    [R1-ospf-1]**area 0**
    [R1-ospf-1-area-0.0.0.0]**network 10.0.1.0 0.0.0.255**
    [R1-ospf-1-area-0.0.0.0]**network 10.0.13.0 0.0.0.255**
    [R1-ospf-1-area-0.0.0.0]**network 10.0.12.0 0.0.0.255**

注意：同一个路由器可以开启多个 OSPF 进程，默认进程号为 1，由于进程号只具有本地意义，所以同一路由域的不同路由器可以使用相同或不同的 OSPF 进程号；Network 命令后面需使用反掩码。

定义 R2 的 Loopback0 接口地址 10.0.2.2 作为 R2 的 Router ID，配置使用 OSPF 进程号 10，将 10.0.12.0/24 和 10.0.2.0/24 两个网段定义到 OSPF 区域 0。

    [R2]**ospf 10 router-id 10.0.2.2**
    [R2-ospf-10]**area 0**
    [R2-ospf-10-area-0.0.0.0]**network 10.0.12.0 0.0.0.255**
    [R2-ospf-10-area-0.0.0.0]**network 10.0.2.0 0.0.0.255**

定义 R3 的 Loopback0 接口地址 10.0.3.3 作为 R3 的 Router ID，配置使用 OSPF 进程 100，将 10.0.13.0/24 和 10.0.3.0/24 两个网段定义到 OSPF 区域 0。

```
[R3]ospf 100 router-id 10.0.3.3
[R3-ospf-100]area 0
[R3-ospf-100-area-0.0.0.0]network 10.0.13.0 0.0.0.255
[R3-ospf-100-area-0.0.0.0]network 10.0.3.0 0.0.0.255
```

4. 结果验证

OSPF 的验证，查看 R1、R2 和 R3 的路由表

```
<R1>display ip routing-table
Route Flags: R - relay, D - download to fib
------------------------------------------------------------
Routing Tables: Public
Destinations : 16  Routes : 16
```

Destination/Mask	Proto	Pre	Cost	Flags	NextHop	Interface
10.0.1.0/24	Direct	0	0	D	10.0.1.1	LoopBack0
10.0.1.1/32	Direct	0	0	D	127.0.0.1	InLoopBack0
10.0.1.255/32	Direct	0	0	D	127.0.0.1	InLoopBack0
10.0.2.2/32	**OSPF**	**10**	**1562**	**D**	**10.0.12.2**	**Serial1/0/0**
10.0.3.3/32	**OSPF**	**10**	**1**	**D**	**10.0.13.3**	**GigabitEthernet0/0/0**
10.0.12.0/24	Direct	0	0	D	10.0.12.1	Serial1/0/0
10.0.12.1/32	Direct	0	0	D	127.0.0.1	InLoopBack0
10.0.12.2/32	Direct	0	0	D	10.0.12.2	Serial1/0/0
10.0.12.255/32	Direct	0	0	D	127.0.0.1	InLoopBack0
10.0.13.0/24	Direct	0	0	D	10.0.13.1	GigabitEthernet0/0/0
10.0.13.1/32	Direct	0	0	D	127.0.0.1	InLoopBack0
10.0.13.255/32	Direct	0	0	D	127.0.0.	InLoopBack0
127.0.0.0/8	Direct	0	0	D	127.0.0.1	InLoopBack0
127.0.0.1/32	Direct	0	0	D	127.0.0.1	InLoopBack0
127.255.255.255/32	Direct	0	0	D	127.0.0.1	InLoopBack0
255.255.255.255/32	Direct	0	0	D	127.0.0.1	InLoopBack0

```
<R2>display ip routing-table
Route Flags: R - relay, D - download to fib
------------------------------------------------------------
Routing Tables: Public
Destinations : 14  Routes : 14
```

Destination/Mask	Proto	Pre	Cost	Flags	NextHop	Interface

Destination/Mask	Proto	Pre	Cost	Flags	NextHop	Interface
10.0.1.1/32	OSPF	10	1562	D	10.0.12.1	Serial1/0/0
10.0.2.0/24	Direct	0	0	D	10.0.2.2	LoopBack0
10.0.2.2/32	Direct	0	0	D	127.0.0.1	InLoopBack0
10.0.2.255/32	Direct	0	0	D	127.0.0.1	InLoopBack0
10.0.3.3/32	OSPF	10	1563	D	10.0.12.1	Serial1/0/0
10.0.12.0/24	Direct	0	0	D	10.0.12.2	Serial1/0/0
10.0.12.1/32	Direct	0	0	D	10.0.12.1	Serial1/0/0
10.0.12.2/32	Direct	0	0	D	127.0.0.1	InLoopBack0
10.0.12.255/32	Direct	0	0	D	127.0.0.1	InLoopBack0
10.0.13.0/24	OSPF	10	1563	D	10.0.12.1	Serial1/0/0
127.0.0.0/8	Direct	0	0	D	127.0.0.1	InLoopBack0
127.0.0.1/32	Direct	0	0	D	127.0.0.1	InLoopBack0
127.255.255.255/32	Direct	0	0	D	127.0.0.1	InLoopBack0
255.255.255.255/32	Direct	0	0	D	127.0.0.1	InLoopBack0

<R3>display ip routing-table

Route Flags: R - relay, D - download to fib

Routing Tables: Public

Destinations : 16   Routes : 16

Destination/Mask	Proto	Pre	Cost	Flags	NextHop	Interface
10.0.1.1/32	OSPF	10	1	D	10.0.13.1	GigabitEthernet0/0/0
10.0.2.2/32	OSPF	10	1563	D	10.0.13.	GigabitEthernet0/0/0
10.0.3.0/24	Direct	0	0	D	10.0.3.3	InLoopBack0
10.0.3.3/32	Direct	0	0	D	127.0.0.1	InLoopBack0
10.0.3.255/32	Direct	0	0	D	127.0.0.1	InLoopBack0
10.0.12.0/24	OSPF	10	1563	D	10.0.13.1	GigabitEthernet0/0/0
10.0.13.0/24	Direct	0	0	D	10.0.13.3	GigabitEthernet0/0/0
10.0.13.3/32	Direct	0	0	D	127.0.0.1	InLoopBack0
10.0.13.255/32	Direct	0	0	D	127.0.0.1	InLoopBack0
127.0.0.0/8	Direct	0	0	D	127.0.0.1	InLoopBack0
127.0.0.1/32	Direct	0	0	D	127.0.0.1	InLoopBack0
127.255.255.255/32	Direct	0	0	D	127.0.0.1	InLoopBack0
172.16.0.0/24	Direct	0	0	D	172.16.0.1	InLoopBack2
172.16.0.1/32	Direct	0	0	D	127.0.0.1	InLoopBack0
172.16.0.255/32	Direct	0	0	D	127.0.0.1	InLoopBack0
255.255.255.255/32	Direct	0	0	D	127.0.0.1	InLoopBack0

3.12 实训五 OSPF 多区域配置

1. 实验目的

了解 OSPF 多区域设计的优点；理解 OSPF 多区域路由信息的交换方式；掌握 OSPF 多区域配置命令；掌握 OSPF 的认证配置方法；掌握 OSPF 邻居无法建立的故障排除方法。

2. 实验拓扑

OSPF 多区域网络拓扑如图 3-42 所示。

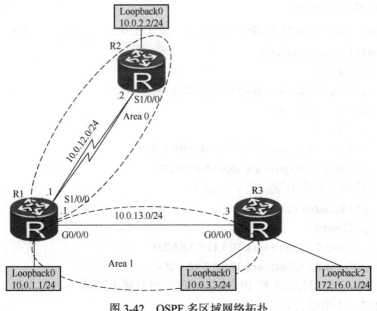

图 3-42 OSPF 多区域网络拓扑

3. 配置步骤

step1：按图 3-42 配置接口 IP，并测试网络联通性。

[R1]**interface serial1/0/0**

[R1-Serial1/0/0]**ip address 10.0.12.1 24**

[R1-Serial1/0/0]**interface GigabitEthernet 0/0/0**

[R1-GigabitEthernet0/0/0]**ip address 10.0.13.1 24**

[R1-GigabitEthernet0/0/0]**interface loopback 0**

[R1-LoopBack0]**ip address 10.0.1.1 24**

```
[R2]interface serial 1/0/0
[R2-Serial1/0/0]ip address 10.0.12.2 24
[R2-Serial1/0/0]interface loopback 0
[R2-LoopBack0]ip address 10.0.2.2 24

[R3]interface GigabitEthernet 0/0/0
[R3-GigabitEthernet0/0/0]ip address 10.0.13.3 24
[R3-GigabitEthernet0/0/0]interface loopback 0
[R3-LoopBack0]ip address 10.0.3.3 24
[R3-LoopBack0]interface loopback 2
[R3-LoopBack2]ip address 172.16.0.1 24
```

step2：OSPF 多区域配置。

R1 为 ABR，10.0.12.0/24 网段属于区域 0，10.0.10.0/24 网段属于区域 1。

```
[R1]ospf 1 router-id 10.0.1.1
[R1-ospf-1]area 0
[R1-ospf-1-area-0.0.0.0]network 10.0.12.0 0.0.0.255
[R1-ospf-1-area-0.0.0.0]quit
[R1-ospf-1]area 1
[R1-ospf-1-area-0.0.0.1]network 10.0.13.0 0.0.0.255
[R1-ospf-1-area-0.0.0.1]network 10.0.1.0 0.0.0.255
```

R2 为骨干区域普通路由器，属于区域 0。

```
[R2]ospf 1 router-id 10.0.2.2
[R2-ospf-1]area 0
[R2-ospf-1-area-0.0.0.0]network 10.0.12.0 0.0.0.255
[R2-ospf-1-area-0.0.0.0]network 10.0.2.0 0.0.0.255
```

R3 为 ASBR，10.0.13.0/24 和 10.0.3.0/24 两个网段属于区域 1，172.16.0.0/24 网段不属于 OSPF 路由域，不用通告 OSPF 进程。

```
[R3]ospf 1 router-id 10.0.3.3
[R3-ospf-1]area 1
[R3-ospf-1-area-0.0.0.1]network 10.0.3.0 0.0.0.255
[R3-ospf-1-area-0.0.0.1]network 10.0.13.0 0.0.0.255
```

4. 结果验证

查看 R1、R2 和 R3 的路由表，确认各路由器已学习到粗体字部分的路由条目。

```
[R1]display ip routing-table protocol ospf
Route Flags: R - relay, D - download to fib
------------------------------------------------------------
```

Public routing table : OSPF
Destinations : 2   Routes : 2
OSPF routing table status : <Active>
Destinations : 2   Routes : 2

Destination/Mask	Proto	Pre	Cost	Flags	NextHop	Interface
10.0.2.2/32	OSPF	10	1562	D	10.0.12.2	Serial1/0/0
10.0.3.3/32	OSPF	10	1	D	10.0.13.3	GigabitEthernet0/0/0

OSPF routing table status : <Inactive>
Destinations : 0   Routes : 0

[R2]**display ip routing-table protocol ospf**
Route Flags: R - relay, D - download to fib

Public routing table : OSPF
Destinations : 3   Routes : 3
OSPF routing table status : <Active>
Destinations : 3   Routes : 3

Destination/Mask	Proto	Pre	Cost	Flags	NextHop	Interface
10.0.1.1/32	OSPF	10	1562	D	10.0.12.1	Serial1/0/0
10.0.3.3/32	OSPF	10	1563	D	10.0.12.1	Serial1/0/0
10.0.13.0/24	OSPF	10	1563	D	10.0.12.1	Serial1/0/0

OSPF routing table status : <Inactive>
Destinations : 0   Routes : 0

[R3]**display ip routing-table protocol ospf**
Route Flags: R - relay, D - download to fib

Public routing table : OSPF
Destinations : 3   Routes : 3
OSPF routing table status : <Active>
Destinations : 3   Routes : 3

Destination/Mask	Proto	Pre	Cost	Flags	NextHop	Interface
10.0.1.1/32	OSPF	10	1	D	10.0.13.1	GigabitEthernet0/0/0
10.0.2.2/32	OSPF	10	1563	D	10.0.13.1	GigabitEthernet0/0/0
10.0.12.0/24	OSPF	10	1563	D	10.0.13.1	GigabitEthernet0/0/0

OSPF routing table status : <Inactive>
Destinations : 0   Routes : 0

在 R3 上测试网络连通性。

[R3]**ping 10.0.1.1**

```
PING 10.0.1.1: 56 data bytes, press CTRL_C to break
Reply from 10.0.1.1: bytes=56 Sequence=1 ttl=255 time=3 ms
Reply from 10.0.1.1: bytes=56 Sequence=2 ttl=255 time=2 ms
Reply from 10.0.1.1: bytes=56 Sequence=3 ttl=255 time=2 ms
Reply from 10.0.1.1: bytes=56 Sequence=4 ttl=255 time=2 ms
Reply from 10.0.1.1: bytes=56 Sequence=5 ttl=255 time=2 ms
--- 10.0.1.1 ping statistics ---
5 packet(s) transmitted
5 packet(s) received
0.00% packet loss
round-trip min/avg/max = 2/2/3 ms

[R3]ping 10.0.2.2
PING 10.0.2.2: 56 data bytes, press CTRL_C to break
Reply from 10.0.2.2: bytes=56 Sequence=1 ttl=254 time=32 ms
Reply from 10.0.2.2: bytes=56 Sequence=2 ttl=254 time=37 ms
Reply from 10.0.2.2: bytes=56 Sequence=3 ttl=254 time=37 ms
Reply from 10.0.2.2: bytes=56 Sequence=4 ttl=254 time=37 ms
Reply from 10.0.2.2: bytes=56 Sequence=5 ttl=254 time=37 ms
--- 10.0.2.2 ping statistics ---
5 packet(s) transmitted
5 packet(s) received
0.00% packet loss
round-trip min/avg/max = 32/36/37 ms
```

查看 OSPF 邻居关系状态。

```
[R1]display ospf peer brief
 OSPF Process 1 with Router ID 10.0.1.1
         Peer Statistic Information
 ----------------------------------------------------------------------------
 Area Id            Interface              Neighbor id          State
 0.0.0.0            Serial1/0/0            10.0.2.2             Full
 0.0.0.1            GigabitEthernet0/0/0   10.0.3.3             Full

[R2]display ospf peer brief
 OSPF Process 1 with Router ID 10.0.2.2
         Peer Statistic Information
 ----------------------------------------------------------------------------
 Area Id            Interface              Neighbor id          State
 0.0.0.0            Serial1/0/0            10.0.1.1             Full
```

```
[R3]display ospf peer brief
OSPF Process 1 with Router ID 10.0.3.3
Peer Statistic Information
--------------------------------------------------------------------------
Area Id         Interface                  Neighbor id        State
0.0.0.1         GigabitEthernet0/0/0       10.0.1.1           Full
--------------------------------------------------------------------------
```

确认以上各路由器 OSPF 进程号和 Router ID 正确，且邻居关系全部达到 Full 状态。

3.13　实训六　RIP、OSPF 路由引入

1. 实验目的

理解路由相互引入的意义；掌握 OSPF 和 RIP 路由互相引入的方法。

2. 实验拓扑

路由引入拓扑如图 3-43 所示。

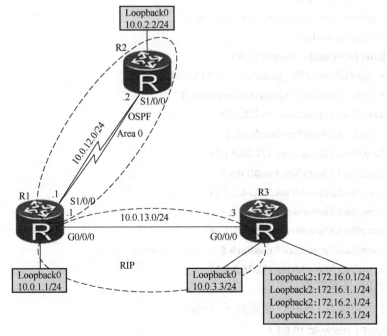

图 3-43　路由引入拓扑

3. 配置步骤

step1：基本配置与 IP 编址。

```
<Huawei>system-view
Enter system view, return user view with Ctrl+Z.
[Huawei]sysname R1
[R1]interface serial 1/0/0
[R1-Serial1/0/0]ip address 10.0.12.1 24
[R1-Serial1/0/0]interface GigabitEthernet 0/0/0
[R1-GigabitEthernet0/0/0]ip address 10.0.13.1 24
[R1-GigabitEthernet0/0/0]interface loopback 0
[R1-LoopBack0]ip address 10.0.1.1 24
<Huawei>system-view
Enter system view, return user view with Ctrl+Z.
[Huawei]sysname R2
[R2]interface serial1/0/0
[R2-Serial1/0/0]ip address 10.0.12.2 24
[R2-Serial1/0/0]interface loopback 0
[R2-LoopBack0]ip address 10.0.2.2 24
<Huawei>system-view
Enter system view, return user view with Ctrl+Z.
[Huawei]sysname R3
[R3]interface GigabitEthernet 0/0/0
[R3-GigabitEthernet0/0/0]ip address 10.0.13.3 24
[R3-GigabitEthernet0/0/0]interface loopback 0
[R3-LoopBack0]ip address 10.0.3.3 24
[R3-LoopBack0]interface loopback 2
[R3-LoopBack2]ip address 172.16.0.1 24
[R3-LoopBack2]interface LoopBack 3
[R3-LoopBack3]ip address 172.16.1.1 24
[R3-LoopBack3]interface LoopBack 4
[R3-LoopBack4]ip address 172.16.2.1 24
[R3-LoopBack4]interface LoopBack 5
[R3-LoopBack5]ip address 172.16.3.1 24
```

step2：OSPF 协议配置。

R1 与 R2 之间运行 OSPF，配置属于 Area0。

```
[R1]ospf 1 router-id 10.0.1.1
[R1-ospf-1]area 0
```

[R1-ospf-1-area-0.0.0.0]**network 10.0.12.0 0.0.0.255**
[R2]**ospf 1 router-id 10.0.2.2**
[R2-ospf-1]**area 0**
[R2-ospf-1-area-0.0.0.0]**network 10.0.12.0 0.0.0.255**
[R2-ospf-1-area-0.0.0.0]**network 10.0.2.0 0.0.0.255**

查看 R1 和 R2 的路由表，确认已通过 OSPF 协议学习其他网段的路由。

[R1]**display ip routing-table protocol ospf**
Route Flags: R - relay, D - download to fib

Public routing table : OSPF
Destinations : 1   Routes : 1
OSPF routing table status : <Active>
Destinations : 1   Routes : 1

Destination/Mask	Proto	Pre	Cost	Flags	NextHop	Interface
10.0.2.2/32	OSPF	10	1562	D	10.0.12.2	Serial1/0/0

OSPF routing table status : <Inactive>
Destinations : 0   Routes : 0

[R2]**display ip routing-table protocol ospf**
[R2]

OSPF 区域的网络都与 R2 直接相连，所以 R2 未通过 OSPF 学到额外的路由信息。

step3：RIPv2 协议配置。

在 R1 上开启 RIP 协议进程，配置使用版本号为 2。将 10.0.0.0 网段通告 RIP 路由进程。

[R1]**rip 1**
[R1-rip-1]**version 2**
[R1-rip-1]**network 10.0.0.0**

在 R3 上开启 RIP 协议进程，配置使用版本号为 2，将 172.16.0.0 和 10.0.0.0 两个网段通告进 RIP 路由进程。

[R3]**rip 1**
[R3-rip-1]**version 2**
[R3-rip-1]**network 10.0.0.0**
[R3-rip-1]**network 172.16.0.0**

查看 R1 和 R3 的路由表，确认路由器已经通过 RIP 学习到相应的路由。

[R1]**display ip routing-table protocol rip**
Route Flags: R - relay, D - download to fib

Public routing table : RIP
Destinations : 5   Routes : 5

RIP routing table status : <Active>
Destinations : 5 Routes : 5

Destination/Mask	Proto	Pre	Cost	Flags	NextHop	Interface
10.0.3.0/24	RIP	100	1	D	10.0.13.3	GigabitEthernet0/0/0
172.16.0.0/24	RIP	100	1	D	10.0.13.3	GigabitEthernet0/0/0
172.16.1.0/24	RIP	100	1	D	10.0.13.3	GigabitEthernet0/0/0
172.16.2.0/24	RIP	100	1	D	10.0.13.3	GigabitEthernet0/0/0
172.16.3.0/24	RIP	100	1	D	10.0.13.3	GigabitEthernet0/0/0

RIP routing table status : <Inactive>
Destinations : 0 Routes : 0

[R3]**display ip routing-table protocol rip**
Route Flags: R - relay, D - download to fib

Public routing table : RIP
Destinations : 2 Routes : 2
RIP routing table status : <Active>
Destinations : 2 Routes : 2

Destination/Mask	Proto	Pre	Cost	Flags	NextHop	Interface
10.0.1.0/24	RIP	100	1	D	10.0.13.1	GigabitEthernet0/0/0
10.0.12.0/24	RIP	100	1	D	10.0.13.1	GigabitEthernet0/0/0

RIP routing table status : <Inactive>
Destinations : 0 Routes : 0

step4：RIPv2 和 OSPF 协议相互引入配置。

到目前为止，R2 与 R3 未学到对方的路由信息，原因是它们不在同一个路由区域。在 R1 上将 RIP 学到的路由引入 OSPF 路由表中。

[R1]**ospf 1**
[R1-ospf-1]**import-route rip 1 cost 100**

在 R1 上执行将 OSPF 路由引入 RIP 路由域。

[R1]**rip 1**
[R1-rip-1]**import-route ospf 1 cost 1**

4. 结果验证

验证 R1、R2 和 R3 的路由表，确认学习到的路由。

[R1]**display ip routing-table**
Route Flags: R - relay, D - download to fib

Routing Tables: Public

```
Destinations : 20    Routes : 20
Destination/Mask    Proto  Pre  Cost  Flags  NextHop      Interface
    10.0.1.0/24     Direct  0    0     D    10.0.1.1     LoopBack0
    10.0.1.1/32     Direct  0    0     D    127.0.0.1    InLoopBack0
  10.0.1.255/32     Direct  0    0     D    127.0.0.1    InLoopBack0
    10.0.2.2/32     OSPF    10   1562  D    10.0.12.2    Serial1/0/0
    10.0.3.0/24     RIP     100  1     D    10.0.13.3    GigabitEthernet0/0/0
   10.0.12.0/24     Direct  0    0     D    10.0.12.1    Serial1/0/0
   10.0.12.1/32     Direct  0    0     D    127.0.0.1    InLoopBack0
   10.0.12.2/32     Direct  0    0     D    10.0.12.2    Serial1/0/0
 10.0.12.255/32     Direct  0    0     D    127.0.0.1    InLoopBack0
   10.0.13.0/24     Direct  0    0     D    10.0.13.1    GigabitEthernet0/0/0
   10.0.13.1/32     Direct  0    0     D    127.0.0.1    InLoopBack0
 10.0.13.255/32     Direct  0    0     D    127.0.0.1    InLoopBack0
    127.0.0.0/8     Direct  0    0     D    127.0.0.1    InLoopBack0
    127.0.0.1/32    Direct  0    0     D    127.0.0.1    InLoopBack0
127.255.255.255/32  Direct  0    0     D    127.0.0.1    InLoopBack0
   172.16.0.0/24    RIP     100  1     D    10.0.13.3    GigabitEthernet0/0/0
   172.16.1.0/24    RIP     100  1     D    10.0.13.3    GigabitEthernet0/0/0
   172.16.2.0/24    RIP     100  1     D    10.0.13.3    GigabitEthernet0/0/0
   172.16.3.0/24    RIP     100  1     D    10.0.13.3    GigabitEthernet0/0/0
255.255.255.255/32  Direct  0    0     D    127.0.0.1    InLoopBack0
```

R1 的路由表与之前比较无变化，原因是 R1 同时处于 OSPF 和 RIP 路由区域，在引入路由之前就已经学习到所有的路由信息了。

确认 R2 和 R3 的路由表已经学习到如下路由。

```
[R2]display ip routing-table protocol ospf
Route Flags: R - relay, D - download to fib
------------------------------------------------------------
Public routing table : OSPF
Destinations : 7    Routes : 7
OSPF routing table status : <Active>
Destinations : 7    Routes : 7
Destination/Mask    Proto  Pre  Cost  Flags  NextHop      Interface
    10.0.1.0/24     O_ASE   150  100   D    10.0.12.1    Serial1/0/0
    10.0.3.0/24     O_ASE   150  100   D    10.0.12.1    Serial1/0/0
   10.0.13.0/24     O_ASE   150  100   D    10.0.12.1    Serial1/0/0
   172.16.0.0/24    O_ASE   150  100   D    10.0.12.1    Serial1/0/0
   172.16.1.0/24    O_ASE   150  100   D    10.0.12.1    Serial1/0/0
```

172.16.2.0/24 O_ASE 150 100 D 10.0.12.1 Serial1/0/0
172.16.3.0/24 O_ASE 150 100 D 10.0.12.1 Serial1/0/0
OSPF routing table status : <Inactive>
Destinations : 0 Routes : 0

[R3]display ip routing-table protocol rip
Route Flags: R - relay, D - download to fib

Public routing table : RIP
Destinations : 3 Routes : 3
RIP routing table status : <Active>
Destinations : 3 Routes : 3
Destination/Mask Proto Pre Cost Flags NextHop Interface
10.0.1.0/24 RIP 100 1 D 10.0.13.1 GigabitEthernet0/0/0
10.0.2.2/32 RIP 100 2 D 10.0.13.1 GigabitEthernet0/0/0
10.0.12.0/24 RIP 100 1 D 10.0.13.1 GigabitEthernet0/0/0
RIP routing table status : <Inactive>
Destinations : 0 Routes : 0

测试网络连通性。
在 R2 上使用扩展 ping 命令，定义数据包的源地址，测试到达地址 10.0.3.3 的连通性。

[R2]ping -a 10.0.2.2 10.0.3.3
PING 10.0.3.3: 56 data bytes, press CTRL_C to break
Reply from 10.0.3.3: bytes=56 Sequence=1 ttl=254 time=43 ms
Reply from 10.0.3.3: bytes=56 Sequence=2 ttl=254 time=41 ms
Reply from 10.0.3.3: bytes=56 Sequence=3 ttl=254 time=40 ms
Reply from 10.0.3.3: bytes=56 Sequence=4 ttl=254 time=41 ms
Reply from 10.0.3.3: bytes=56 Sequence=5 ttl=254 time=41 ms
--- 10.0.3.3 ping statistics ---
5 packet(s) transmitted
5 packet(s) received
0.00% packet loss
round-trip min/avg/max = 40/41/43 ms

[R2]ping -a 10.0.2.2 172.16.0.1
PING 172.16.0.1: 56 data bytes, press CTRL_C to break
Reply from 172.16.0.1: bytes=56 Sequence=1 ttl=254 time=43 ms
Reply from 172.16.0.1: bytes=56 Sequence=2 ttl=254 time=42 ms
Reply from 172.16.0.1: bytes=56 Sequence=3 ttl=254 time=41 ms

Reply from 172.16.0.1: bytes=56 Sequence=4 ttl=254 time=41 ms
Reply from 172.16.0.1: bytes=56 Sequence=5 ttl=254 time=41 ms
--- 172.16.0.1 ping statistics ---
5 packet(s) transmitted
5 packet(s) received
0.00% packet loss
round-trip min/avg/max = 41/41/43 ms

在 R3 的接口 G0/0/0 上配置 RIP 手动路由汇总。

[R3]**interface GigabitEthernet 0/0/0**
[R3-GigabitEthernet0/0/0]**rip summary-address 172.16.0.0 255.255.252.0**

验证 R1 和 R2 的路由表，比较与 step3 中显示路由表的区别。

[R1]**display ip routing-table**
Route Flags: R - relay, D - download to fib

Routing Tables: Public
Destinations : 17 Routes : 17

Destination/Mask	Proto	Pre	Cost	Flags	NextHop	Interface
10.0.1.0/24	Direct	0	0	D	10.0.1.1	LoopBack0
10.0.1.1/32	Direct	0	0	D	127.0.0.1	InLoopBack0
10.0.1.255/32	Direct	0	0	D	127.0.0.1	InLoopBack0
10.0.2.2/32	OSPF	10	1562	D	10.0.12.2	Serial1/0/0
10.0.3.0/24	RIP	100	1	D	10.0.13.3	GigabitEthernet0/0/0
10.0.12.0/24	Direct	0	0	D	10.0.12.1	Serial1/0/0
10.0.12.1/32	Direct	0	0	D	127.0.0.1	InLoopBack0
10.0.12.2/32	Direct	0	0	D	10.0.12.2	Serial1/0/0
10.0.12.255/32	Direct	0	0	D	127.0.0.1	InLoopBack0
10.0.13.0/24	Direct	0	0	D	10.0.13.1	GigabitEthernet0/0/0
10.0.13.1/32	Direct	0	0	D	127.0.0.1	InLoopBack0
10.0.13.255/32	Direct	0	0	D	127.0.0.1	InLoopBack0
127.0.0.0/8	Direct	0	0	D	127.0.0.1	InLoopBack0
127.0.0.1/32	Direct	0	0	D	127.0.0.1	InLoopBack0
127.255.255.255/32	Direct	0	0	D	127.0.0.1	InLoopBack0
172.16.0.0/22	RIP	100	1	D	10.0.13.3	GigabitEthernet0/0/0
255.255.255.255/32	Direct	0	0	D	127.0.0.1	InLoopBack0

[R2]**display ip routing-table protocol ospf**
Route Flags: R - relay, D - download to fib

```
Public routing table : OSPF
Destinations : 4    Routes : 4
OSPF routing table status : <Active>
Destinations : 4    Routes : 4
Destination/Mask        Proto      Pre   Cost    Flags    NextHop      Interface
10.0.1.0/24             O_ASE      150   100     D        10.0.12.1    Serial1/0/0
10.0.3.0/24             O_ASE      150   100     D        10.0.12.1    Serial1/0/0
10.0.13.0/24            O_ASE      150   100     D        10.0.12.1    Serial1/0/0
172.16.0.0/22           O_ASE      150   100     D        10.0.12.1    Serial1/0/0
OSPF routing table status : <Inactive>
Destinations : 0    Routes : 0
```

此时 R1 和 R2 学到的路由是汇总路由 172.16.0.0/22，而不再是明细路由 172.16.0.0/ 24 等。

3.14 实训七　BGP 协议配置

1. 实验目的

熟练掌握 BGP 协议的配置过程；掌握 BGP 协议的故障排查步骤。

2. 实验拓扑

BGP 协议网络拓扑如图 3-44 所示。

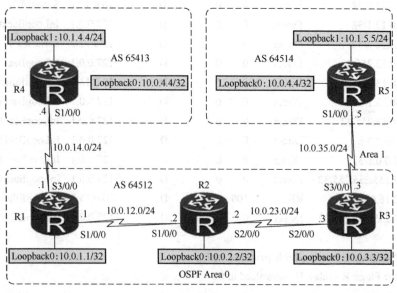

图 3-44　BGP 协议网络拓扑

3. 配置步骤

step1：基础配置与 IP 编址。

给所有路由器配置 IP 地址和掩码，其中 R4 和 R5 的 Loopback1 接口掩码为 24bit，模拟用户网络。

step2：配置区域内 IGP。

在 AS 64512 中使用 OSPF 协议作为 IGP，将 Loopback0 连接的网段发布进 OSPF 协议。R1 的 S1/0/0 连接的网段运行 OSPF 协议。在使用 Network 命令时，通配符掩码使用 0.0.0.0。

step3：建立 IBGP 对等体。

在 R1、R2、R3 上配置 IBGP 全互联。使用 Loopback0 地址作为更新源。

```
[R1]bgp 64512
[R1-bgp]peer 10.0.2.2 as-number 64512
[R1-bgp]peer 10.0.2.2 connect-interface LoopBack 0
[R1-bgp]peer 10.0.3.3 as-number 64512
[R1-bgp]peer 10.0.3.3 connect-interface LoopBack 0


[R2]bgp 64512
[R2-bgp]peer 10.0.1.1 as-number 64512
[R2-bgp]peer 10.0.1.1 connect-interface loopback 0
[R2-bgp]peer 10.0.3.3 as-number 64512
[R2-bgp]peer 10.0.3.3 connect-interface LoopBack 0


[R3]bgp 64512
[R3-bgp]peer 10.0.1.1 as-number 64512
[R3-bgp]peer 10.0.1.1 connect-interface loopback 0
[R3-bgp]peer 10.0.2.2 as-number 64512
[R3-bgp]peer 10.0.2.2 connect-interface LoopBack 0
```

使用 Display TCP Status 查看 TCP 端口连接状态。

```
[R2]display tcp status
```

TCPCB	Tid/Soid	Local Add:port	Foreign Add:port	VPNID	State
194a3c7c	8/2	0.0.0.0:22	0.0.0.0:0	23553	Listening
194a3b18	8/1	0.0.0.0:23	0.0.0.0:0	23553	Listening
194a3850	106/1	0.0.0.0:80	0.0.0.0:0	0	Listening
19ec2bb8	234/2	0.0.0.0:179	10.0.1.1:0	0	Listening
19ec2360	234/5	0.0.0.0:179	10.0.3.3:0	0	Listening
194a3de0	8/3	0.0.0.0:830	0.0.0.0:0	23553	Listening

194a39b4	6/1	0.0.0.0:7547	0.0.0.0:0	0	Listening
19ec3410	234/11	10.0.2.2:179	10.0.3.3:49663	0	Established
19ec2a54	234/4	10.0.2.2:50151	10.0.1.1:179	0	Established

从表项中可以观察到 Local Add 为 10.0.2.2（R2 的 Loopback0 接口地址），端口号为 179（BGP 协议的 TCP 端口号）。与 10.0.3.3 和 10.0.1.1 的状态已经为 Established，说明 R2 和 R1 及 R3 的 TCP 连接已建立。

使用 Display Bgp Peer 察看各路由器 BGP 邻居关系状态。

```
[R1]display bgp peer
BGP local router ID : 10.0.1.1
Local AS number : 64512
Total number of peers : 2          Peers in established state : 2

Peer         V    AS       MsgRcvd  MsgSent  OutQ  Up/Down   State        PrefRcv
10.0.2.2     4    64512    273      277      0     02:15:53  Established  0
10.0.3.3     4    64512    276      276      0     02:15:53  Established  0


[R2]display bgp peer
BGP local router ID : 10.0.2.2
Local AS number : 64512
Total number of peers : 2          Peers in established state : 2

Peer         V    AS       MsgRcvd  MsgSent  OutQ  Up/Down   State        PrefRcv
10.0.1.1     4    64512    38       38       0     00:18:02  Established  0
10.0.3.3     4    64512    1000     1000     0     16:38:38  Established  0


[R3]display bgp peer
BGP local router ID : 10.0.3.3
Local AS number : 64512
Total number of peers : 2          Peers in established state : 2

Peer         V    AS       MsgRcvd  MsgSent  OutQ  Up/Down   State        PrefRcv
10.0.1.1     4    64512    39       39       0     00:18:35  Established  0
10.0.2.2     4    64512    1001     1001     0     16:39:11  Established  0
```

可以看到 3 台路由器之间的 BGP 邻居关系处于 Established 状态，说明邻居关系已建立。

step4：配置 EBGP 对等体。

在 R4 上配置 BGP，本地 AS 号为 64513，与 R1 建立 EBGP 对等体关系。在建立对等体关系时，指定更新源为 Loopback 0 接口的地址，并指定 EBGP-Max-Hop 为 2。添加到对端 Loopback 0 接口地址的 32bit 的静态路由，使之能正常建立对等体关系。

```
[R1]ip route-static 10.0.4.4 32 10.0.14.4
```

[R4]**ip route-static 10.0.1.1 32 10.0.14.1**

[R1]**bgp 64512**

[R1-bgp]**peer 10.0.4.4 as-number 64513**

[R1-bgp]**peer 10.0.4.4 ebgp-max-hop 2**

[R1-bgp]**peer 10.0.4.4 connect-interface LoopBack0**

[R4]**bgp 64513**

[R4-bgp]**peer 10.0.1.1 as-number 64512**

[R4-bgp]**peer 10.0.1.1 ebgp-max-hop 2**

[R4-bgp]**peer 10.0.1.1 connect-interface LoopBack0**

step5：使用 Network 命令发布路由信息。

在 R4 上配置 Loopback1，地址为 10.1.4.4/24。使用 Network 命令将该网段发布进 BGP。

[R4]**interface LoopBack 1**

[R4-LoopBack1]**ip address 10.1.4.4 24**

[R4-LoopBack1]**bgp 64513**

[R4-bgp]**network 10.1.4.4 24**

4. 结果验证

对等体关系建立完成后，使用 Display BGP Peer 检查对等体关系状态。

[R4]**display bgp peer**

BGP local router ID : 10.0.4.4

Local AS number : 64513

Total number of peers : 1   Peers in established state : 1

Peer	V	AS	MsgRcvd	MsgSent	OutQ	Up/Down	State	PrefRcv
10.0.1.1	4	64512	4	5	0	00:01:18	Established	0

在 R1 和 R3 上全局路由表分别查看该路由是否存在。查看 R3 上 BGP 路由表，分析该路由的下一跳信息。

[R1]**display ip routing-table**

Route Flags: R - relay, D - download to fib

Routing Tables: Public

Destinations : 18   Routes : 18

Destination/Mask	Proto	Pre	Cost	Flags	NextHop	Interface
10.0.1.1/32	Direct	0	0	D	127.0.0.1	InLoopBack0

Destination/Mask	Proto	Pre	Cost	Flags	NextHop	Interface
10.0.2.2/32	OSPF	10	1562	D	10.0.12.2	Serial1/0/0
10.0.3.3/32	OSPF	10	3124	D	10.0.12.2	Serial1/0/0
10.0.4.4/32	Static	60	0	RD	10.0.14.4	Serial3/0/0
10.0.12.0/24	Direct	0	0	D	10.0.12.1	Serial1/0/0
10.0.12.1/32	Direct	0	0	D	127.0.0.1	InLoopBack0
10.0.12.2/32	Direct	0	0	D	10.0.12.2	Serial1/0/0
10.0.12.255/32	Direct	0	0	D	127.0.0.1	InLoopBack0
10.0.14.0/24	Direct	0	0	D	10.0.14.1	Serial3/0/0
10.0.14.1/32	Direct	0	0	D	127.0.0.1	InLoopBack0
10.0.14.4/32	Direct	0	0	D	10.0.14.4	Serial3/0/0
10.0.14.255/32	Direct	0	0	D	127.0.0.1	InLoopBack0
10.0.23.0/24	OSPF	10	3124	D	10.0.12.2	Serial1/0/0
10.1.4.0/24	EBGP	255	0	RD	10.0.4.4	Serial3/0/0
127.0.0.0/8	Direct	0	0	D	127.0.0.1	InLoopBack0
127.0.0.1/32	Direct	0	0	D	127.0.0.1	InLoopBack0
127.255.255.255/32	Direct	0	0	D	127.0.0.1	InLoopBack0
255.255.255.255/32	Direct	0	0	D	127.0.0.1	InLoopBack0

可以看到在 R1 上已经学到 10.1.4.0/24 的 EBGP 路由。在 R3 上查看是否有到达网络 10.1.4.0/24 的路由。

[R3]display ip routing-table
Route Flags: R - relay, D - download to fib

Routing Tables: Public
Destinations : 16 Routes : 16

Destination/Mask	Proto	Pre	Cost	Flags	NextHop	Interface
10.0.1.1/32	OSPF	10	3124	D	10.0.23.2	Serial2/0/0
10.0.2.2/32	OSPF	10	1562	D	10.0.23.2	Serial2/0/0
10.0.3.3/32	Direct	0	0	D	127.0.0.1	InLoopBack0
10.0.12.0/24	OSPF	10	3124	D	10.0.23.2	Serial2/0/0
10.0.23.0/24	Direct	0	0	D	10.0.23.3	Serial2/0/0
10.0.23.2/32	Direct	0	0	D	10.0.23.2	Serial2/0/0
10.0.23.3/32	Direct	0	0	D	127.0.0.1	InLoopBack0
10.0.23.255/32	Direct	0	0	D	127.0.0.1	InLoopBack0
10.0.35.0/24	Direct	0	0	D	10.0.35.3	Serial3/0/0
10.0.35.3/32	Direct	0	0	D	127.0.0.1	InLoopBack0
10.0.35.5/32	Direct	0	0	D	10.0.35.5	Serial3/0/0
10.0.35.255/32	Direct	0	0	D	127.0.0.1	InLoopBack0

127.0.0.0/8	Direct	0	0		D	127.0.0.1	InLoopBack0
127.0.0.1/32	Direct	0	0		D	127.0.0.1	InLoopBack0
127.255.255.255/32	Direct	0	0		D	127.0.0.1	InLoopBack0
255.255.255.255/32	Direct	0	0		D	127.0.0.1	InLoopBack0

在 R3 上并没有 10.1.4.4 的 BGP 路由。查看 R3 的 BGP 表。

[R3]**display bgp routing-table**
BGP Local router ID is 10.0.3.3
Status codes: * - valid, > - best, d - damped,
h - history, i - internal, s - suppressed, S - Stale
Origin : i - IGP, e - EGP, ? - incomplete
Total Number of Routes: 1

Network	NextHop	MED	LocPrf	PrefVal	Path/Ogn
i 10.1.4.0/24	10.0.4.4	0	100	0	64513i

可以在 R3 的 BGP 路由表中看到，但是这条 BGP 路由没有*号标识，说明这条路由并没有被优选。因为这条路由的 NextHop 为 10.0.4.4，而 R3 上并没有到达地址 10.0.4.4 的路由。根据 BGP 选路原则，当 BGP 路由的下一跳不可达时，则忽略此路由。

在 R1 上配置 Next-Hop-Local，再次在 R3 上查看该路由表。

[R1]**bgp 64512**
[R1-bgp]**peer 10.0.3.3 next-hop-local**
[R1-bgp]**peer 10.0.2.2 next-hop-local**
[R1-bgp]**quit**
[R3]**display bgp routing-table**
BGP Local router ID is 10.0.3.3
Status codes: * - valid, > - best, d - damped,
h - history, i - internal, s - suppressed, S - Stale
Origin : i - IGP, e - EGP, ? - incomplete
Total Number of Routes: 1

Network	NextHop	MED	LocPrf	PrefVal	Path/Ogn
*>i 10.1.4.0/24	10.0.1.1	0	100	0	64513i

可以看到 BGP 路由 10.1.4.0/24 的下一跳为 10.0.1.1，同时具有*号和>号，说明这条路由是正确并且最优的。

查看 R3 的路由表。

[R3]**display ip routing-table**
Route Flags: R - relay, D - download to fib

Routing Tables: Public
    Destinations : 17   Routes : 17

Destination/Mask	Proto	Pre	Cost	Flags	NextHop	Interface
10.0.1.1/32	OSPF	10	3124	D	10.0.23.2	Serial2/0/0
10.0.2.2/32	OSPF	10	1562	D	10.0.23.2	Serial2/0/0
10.0.3.3/32	Direct	0	0	D	127.0.0.1	InLoopBack0
10.0.12.0/24	OSPF	10	3124	D	10.0.23.2	Serial2/0/0
10.0.23.0/24	Direct	0	0	D	10.0.23.3	Serial2/0/0
10.0.23.2/32	Direct	0	0	D	10.0.23.2	Serial2/0/0
10.0.23.3/32	Direct	0	0	D	127.0.0.1	InLoopBack0
10.0.23.255/32	Direct	0	0	D	127.0.0.1	InLoopBack0
10.0.35.0/24	Direct	0	0	D	10.0.35.3	Serial3/0/0
10.0.35.3/32	Direct	0	0	D	127.0.0.1	InLoopBack0
10.0.35.5/32	Direct	0	0	D	10.0.35.5	Serial3/0/0
10.0.35.255/32	Direct	0	0	D	127.0.0.1	InLoopBack0
10.1.4.0/24	**IBGP**	**255**	**0**	**RD**	**10.0.1.1**	**Serial2/0/0**
127.0.0.0/8	Direct	0	0	D	127.0.0.1	InLoopBack0
127.0.0.1/32	Direct	0	0	D	127.0.0.1	InLoopBack0
127.255.255.255/32	Direct	0	0	D	127.0.0.1	InLoopBack0
255.255.255.255/32	Direct	0	0	D	127.0.0.1	InLoopBack0

以上输出显示路由表出现路由 10.1.4.0/24。

在 R5 上创建 Loopback1，地址为 10.1.5.5/24，发布进 BGP，在 R3 上配置 Next-Hop-Local。

```
[R5]interface LoopBack 1
[R5-LoopBack1]ip address 10.1.5.5 24
[R5-LoopBack1]quit
[R5]bgp 64514
[R5-bgp]network 10.1.5.0 24
[R3]bgp 64512
[R3-bgp]peer 10.0.1.1 next-hop-local
[R3-bgp]peer 10.0.2.2 next-hop-local
```

在 R4 上查看是否学习到 R5 的 Loopback1 连接网络的路由。分析 Display BGP Routing-Table 的输出。

```
[R4]display bgp routing-table
BGP Local router ID is 10.0.4.4
Status codes: * - valid, > - best, d - damped,
              h - history, i - internal, s - suppressed, S - Stale
Origin : i - IGP, e - EGP, ? - incomplete

Total Number of Routes: 2
    Network          NextHop         MED        LocPrf    PrefVal    Path/Ogn
```

*> 10.1.4.0/24	0.0.0.0	0	0	i
*> 10.1.5.0/24	10.0.1.1		0	64512 64514i

在 R5 上使用带源地址 ping 测试到 R4 的 Loopback1 地址的连通性。

[R5]**ping -c 1 -a 10.1.5.5 10.1.4.4**
PING 10.1.4.4: 56 data bytes, press CTRL_C to break
Reply from 10.1.4.4: bytes=56 Sequence=1 ttl=252 time=125 ms
--- 10.1.4.4 ping statistics ---
1 packet(s) transmitted
1 packet(s) received
0.00% packet loss
round-trip min/avg/max = 125/125/125 ms

3.15 总结与习题

① 路由有哪些来源？
② 路由器接收到 IP 包后，如何根据目的 IP 地址选择路由表中的路由条目？
③ 什么是默认路由？
④ 直连路由有哪些特点？
⑤ 实现 VLAN 间通信的方式有哪些？
⑥ 单臂路由的缺点是什么？
⑦ 静态路由一般应用于什么场合？
⑧ 静态路由的优先级是多少？度量值是多少？如何配置？
⑨ 根据作用的范围，路由协议被分成哪几类？
⑩ 根据路由算法，路由协议被分成哪几类？
⑪ 何时需进行路由引入？
⑫ 简述 OSPF 邻接关系建立的过程。
⑬ OSPF DR 选举原则是什么？
⑭ OSPF 不同进程之间能相互学习路由信息吗？
⑮ 简述 OSPF 运行过程。
⑯ OSPF 区域是如何划分的？
⑰ 简述 IS-IS 协议的运行过程。
⑱ IS-IS 协议中路由器类型和邻接关系类型之间的对应关系是怎样的？
⑲ IS-IS 协议在进行链路状态数据库同步时使用哪几种报文？各有什么作用？
⑳ BGP 是基于什么传输层协议的？端口号为多少？

㉑ 简述 BGP 五种消息的作用。
㉒ 简述 BGP 协议的通告原则。
㉓ BGP 路径属性的作用是什么？BGP 发展到现在共有多少种属性？
㉔ VRRP 的作用是什么？
㉕ VRRP 的工作原理是什么？
㉖ 说明 VRRP 的工作方式。

第 4 章 网络安全技术

本章导读

内/外网络的通信是企业网络中必不可少的业务需求,但是为了保证内网的安全性,需要通过安全策略来保障非授权用户只能访问特定的网络资源,从而达到对访问进行控制的目的。

4.1 ACL 技术

4.1.1 ACL 概述

ACL(Access Control List,访问控制列表)就是一种对经过路由器的数据流进行判断、分类和过滤的方法。网络设备为了过滤报文,需要配置一系列的匹配条件对报文进行分类,这些条件可以是报文的源地址、目的地址、端口号等。设备的端口接收到报文,会根据当前端口上应用的 ACL 规则对报文的字段进行分析,在识别出特定的报文之后,再根据预先设定的策略允许或禁止该报文通过。

ACL 有不同的类别,通过不同的编号来区别,ACL 具体分类如表 4-1 所示。

表 4-1 ACL 具体分类

ACL 类型	编号范围	规则制定依据
基本 ACL	2000~2999	报文的源 IP 地址
高级 ACL	3000~3999	报文的源 IP 地址、目的 IP 地址、报文优先级、IP 承载的协议类型及特性等三、四层信息
二层 ACL	4000~4999	报文的源 MAC 地址、目的 MAC 地址、IEEE 802.1p 优先级、链路层协议类型等二层信息
用户自定义 ACL	5000~5999	用户自定义报文的偏移位置和偏移量、从报文中提取出相关内容等信息

基本 ACL 只将数据包的源地址信息作为过滤的标准而不能基于协议或应用来进行过滤,即只能根据数据包是从哪里来的进行控制,而不能基于数据包的协议类型及应用对其进行控制,只能粗略地限制某一类协议,如 IP 协议。

高级 ACL 可以针对数据包的源地址、目的地址、协议类型及应用类型（如端口号）等信息作为过滤的标准，即可以根据数据包是从哪里来、到哪里去、何种协议、什么样的应用等特征进行精确控制。

4.1.2 ACL 工作原理

ACL 可被应用在数据包进入路由器的端口方向（Inbound），也可被应用在数据包从路由器外出的端口方向（Outbound），并且一台路由器上可以设置多个 ACL。但对于一台路由器的某个特定端口的特定方向，针对某一个协议，如 IP 协议，只能同时应用一个 ACL。

对于基本 ACL，由于它只能过滤源 IP，为了不影响源主机的通信，一般将基本 ACL 放在离目的端比较近的地方。

高级 ACL 可以精确的定位某一类的数据流，为了不让无用的流量占据网络带宽，一般将高级 ACL 放在离源端比较近的地方。

ACL 规则的关键字有两个：允许（Permit）和拒绝（Deny）。

下面以应用在外出端口方向的 ACL 为例说明其工作流程，如图 4-1 所示。

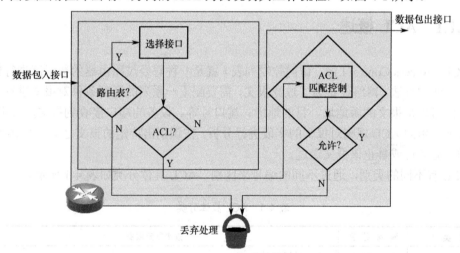

图 4-1 ACL 的工作流程

首先数据包进入路由器的端口，根据目的地址查找路由表，找到转发端口（如果路由表中没有相应的路由条目，路由器会直接丢弃此数据包，并给源主机发送目的不可达消息）。确定外出端口后需要检查是否在外出端口上配置了 ACL，如果没有配置 ACL，路由器将做与外出端口数据链路层协议相同的二层封装，并转发数据。

如果在外出端口上配置了 ACL，则要根据 ACL 制定的规则对数据包进行判断。

ACL 语句的内部处理过程如图 4-2 所示。

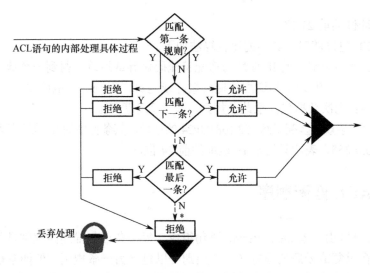

图 4-2　ACL 语句的内部处理过程

每个 ACL 可以有多条语句（规则）组成，当一个数据包通过 ACL 的检查时，首先检查 ACL 中的第一条语句。如果匹配其判别条件，则依据这条语句所配置的关键字对数据包操作。如果关键字是允许，则转发数据包；如果关键字是拒绝，则直接丢弃此数据包。

如果没有匹配第一条语句的判别条件则进行下一条语句的匹配，同样如果匹配其判别条件则依据这条语句所配置的关键字对数据包操作。如果关键字是允许，则转发数据包；如果关键字是拒绝，则直接丢弃此数据包。

这样的过程一直进行，一旦数据包匹配了某条语句的判别语句则根据这条语句所配置的关键字或转发或丢弃。

如果一个数据包没有匹配上 ACL 中的任何一条语句则会被丢弃掉，因为默认情况下每一个 ACL 在最后都有一条隐含的匹配所有数据包的条目，其关键字是拒绝。默认情况下的关键字可以通过命令进行修改。

ACL 内部的处理过程就是自上而下，顺序执行，直到找到匹配的规则，执行拒绝或允许操作。

4.1.3　通配符掩码

ACL 规则使用 IP 地址和通配符掩码来设定匹配条件。

通配符掩码也称为反掩码，和子网掩码一样，通配符掩码也是由 1 和 0 组成的 32B 二进制数，也用点分十进制形式来表示。通配符的作用与子网掩码的作用相似，即通过与 IP 地址执行比较操作来标志网络。不同的是，通配符掩码化为二进制数后，其中的 1 表示"在比较中可以忽略相应的地址位，不用检查"，0 表示"相应的地址位必须被检查"。

例如，通配符掩码 0.0.0.255 表示只比较相应地址位的前 24 位，通配符 0.0.7.255 表示只比较相应地址位的前 21 位。

在进行 ACL 包过滤时，具体的比较算法如下。

① 用 ACL 规则中配置的 IP 地址与通配符掩码做异或运算，得到一个地址 X。

② 用数据包中的 IP 地址与通配符掩码做异或运算，得到一个地址 Y。

③ 如果 X=Y 则次数据包匹配此条规则，反之则不匹配。

例如，要使一条规则匹配子网 192.168.0.0/24 的地址，其条件中的 IP 地址应为 192.168.0.0，通配符应为 0.0.0.255，表明只比较 IP 地址的前 24 位。

4.1.4 ACL 匹配顺序

一个 ACL 可以由多条 Deny/Permit 语句组成，每一条语句描述的规则是不相同的，这些规则可能存在重复或矛盾的地方（一条规则可以包含另一条规则，但两条规则不可能完全相同），在将一个数据包和访问控制列表的规则进行匹配的时候，由规则的匹配顺序决定规则的优先级。

华为设备支持两种匹配顺序：配置顺序和自动排序。

配置顺序按照用户配置 ACL 规则的先后进行匹配，先配置的规则先匹配。默认情况下匹配顺序为按用户的配置排序。

自动排序使用"深度优先"的原则进行匹配。"深度优先"是指根据 ACL 规则的精确度排序，匹配条件（如协议类型、源和目的 IP 地址范围等）限制越严格，规则就越先匹配。如 129.102.1.1 0.0.0.0 指定了一台主机：129.102.1.1，而 129.102.1.1 0.0.0.255 则指定了一个网段：129.102.1.1~129.102.1.255，显然前者指定的主机范围小，在访问控制规则中排在前面。

基本 IPv4 ACL 的"深度优先"顺序判断原则如下。

① 先看规则中是否带 VPN 实例，带 VPN 实例的规则优先。

② 再比较源 IP 地址范围，源 IP 地址范围小的规则优先。

③ 如果源 IP 地址范围相同，则先配置的规则优先。

高级 IPv4 ACL 的"深度优先"顺序判断原则如下。

① 先看规则中是否带 VPN 实例，带 VPN 实例的规则优先。

② 再比较协议范围，指定了 IP 协议承载的协议类型的规则优先。

③ 如果协议范围相同，则比较源 IP 地址范围，源 IP 地址范围小的规则优先。

④ 如果协议范围、源 IP 地址范围相同，则比较目的 IP 地址范围，目的 IP 地址范围小的规则优先。

⑤ 如果协议范围、源 IP 地址范围、目的 IP 地址范围相同，则比较端口号范围，端口号范围小的规则优先。

⑥ 如果上述范围都相同，则先配置的规则优先。

4.2 DHCP 技术

4.2.1 DHCP 概述

随着网络规模的扩大和网络复杂度的提高,计算机的数量经常超过可供分配的 IP 地址的数量,同时随着便携机及无线网络的广泛应用,计算机的位置也经常变化,相应的 IP 地址也必须经常更新,从而导致网络配置越来越复杂。动态主机配置协议 DHCP(Dynamic Host Configuration Protocol)就是为满足这些需求而发展起来的。

DHCP 的作用是为局域网中每台计算机自动分配 TCP/IP 协议的信息,包括 IP 地址、子网掩码、网关及 DNS 服务器等。使用 DHCP 协议时,终端主机无须配置,网络维护方便。

DHCP 协议的主要特点包括:

- 整个分配过程自动实现,在客户端上,除了将 DHCP 选项打钩,无须做任何 IP 环境设定;
- 所有的 IP 网络资源都由 DHCP 服务器统一管理,可以帮客户端指定 Netmask、DNS 服务器、默认网关等参数;
- 通过 IP 地址租期管理实现 IP 地址分时复用;
- DHCP 采用广播方式交互报文,由于默认情况下路由器不会将收到的广播包从一个子网发送到另一个子网,因而当 DHCP 服务器与客户主机不在同一个子网时,必须使用 DHCP 中继(DHCP Relay);
- DHCP 协议的安全性较差,服务器容易受到攻击。

4.2.2 DHCP 协议的组网方式

DHCP 协议采用客户端/服务器体系结构,客户端靠发送广播的方式发现信息来寻找 DHCP 服务器,即向地址 255.255.255.255 发送特定的广播信息,服务器收到请求后进行响应。而路由器默认情况下是隔离广播域的,对此类报文不予处理,因此 DHCP 的组网方式分为同网段和不同网段两种方式。当 DHCP 服务器和客户机不在同一个子网时,充当客户主机默认网关的路由器必须将广播包发送到 DHCP 服务器所在的子网,这一功能称为 DHCP 中继。DHCP Server 和 Client 在同一个子网时,同网段组网如图 4-3 所示。DHCP Server 和 Client 不在同一个子网时,不同网段组网如图 4-4 所示。

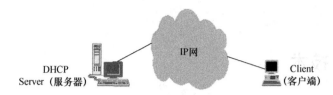

图 4-3　DHCP Server 和 Client 同网段组网

图 4-4　DHCP Server 和 Client 不同网段组网

标准的 DHCP 中继功能相对来说也比较简单，只是重新封装、续传 DHCP 报文。

DHCP 服务器支持以下三种类型的地址分配方式。

1. 手工分配

由管理员为少数特定 DHCP 客户端（如 DNS、WWW 服务器、打印机等）静态绑定固定的 IP 地址。通过 DHCP 服务器将所绑定的固定 IP 地址分配给 DHCP 客户端。此地址永久被该客户端使用，其他主机无法使用。

2. 自动分配

DHCP 服务器为 DHCP 客户端动态分配租期为无限长的 IP 地址。只有客户端释放该地址后，该地址才能被分配给其他客户端使用。

3. 动态分配

DHCP 服务器为 DHCP 客户端分配具有一定有效期的 IP 地址。如果客户端没有及时续约，到达使用期限后，此地址可能会被其他客户端使用。绝大多数客户端得到的都是这种动态分配的地址。

在这三种方式中，只有动态分配的方式可以对已经分配给主机但现在主机已经不用的 IP 地址重新加以利用。在给一台临时连入网络的主机分配地址或者在一组不需要永久的 IP 地址的主机中共享一组有限的 IP 地址时，动态分配显得特别有用。另外，当一台新主机要永久的接入一个网络，而网络的 IP 地址又非常有限时，为了将来这台主机被淘汰时能回收 IP 地址，动态分配将是一个很好的选择。

在 DHCP 环境中，DHCP 服务器为 DHCP 客户端分配 IP 地址时采用的一个基本原则就是尽可能地为客户端分配原来使用的 IP 地址。在实际使用过程中会发现，当 DHCP 客户端重新启动后，它能够获得相同的 IP 地址。DHCP 服务器为 DHCP 客户端分配 IP 地址时采用如下的先后顺序。

① DHCP 服务器数据库中与 DHCP 客户端的 MAC 地址静态绑定的 IP 地址。
② DHCP 客户端曾经使用过的地址。
③ 最先找到可用的 IP 地址。

如果未找到可用的 IP 地址，则依次查询超过租期、发生冲突的 IP 地址；如果找到，则进行分配，否则报告错误。

4.2.3 DHCP 协议报文

DHCP 协议报文主要有 8 种，其中 DHCP Discover、DHCP Offer、DHCP Request、DHCP Ack 和 DHCP Release 这 5 种报文在 DHCP 协议交互过程中比较常见；而 DHCP Nak、DHCP Decline 和 DHCP Inform 这 3 种报文则较少使用。

- **DHCP Discover 报文**：DHCP 客户端系统初始化完毕后第一次向 DHCP Server 发送的请求报文，该报文通常以广播的方式发送。
- **DHCP Offer 报文**：DHCP Server 对 DHCP Discover 报文的回应报文，采用广播或单播方式发送。该报文中会包含 DHCP 服务器要分配给 DHCP 客户端的 IP 地址、掩码、网关等网络参数。
- **DHCP Request 报文**：DHCP Client 发送给 DHCP Server 的请求报文，根据 DHCP Client 当前所处的不同状态采用单播或者广播的方式发送。完成的功能包括 DHCP Server 选择及租期更新等。
- **DHCP Release 报文**：当 DHCP Client 想要释放已经获得的 IP 地址资源或取消租期时，将向 DHCP Server 发送 DHCP Release 报文，采用单播方式发送。
- **DHCP Ack/Nak 报文**：这两种报文都是 DHCP Server 对所收到的 Client 请求报文的一个最终确认。当收到的请求报文中各项参数均正确时，DHCP Server 就回应一个 DHCP Ack 报文，否则将回应一个 DHCP Nak 报文。
- **DHCP Decline 报文**：当 DHCP Client 收到 DHCP Ack 报文后，它将对所获得的 IP 地址进行进一步确认，通常利用免费 ARP 进行确认，如果发现该 IP 地址已经在网络上使用，那么它将通过广播方式向 DHCP Server 发送 DHCP Decline 报文，拒绝所获得的这个 IP 地址。
- **DHCP Inform 报文**：当 DHCP Client 通过其他方式（如手工指定）已经获得可用的 IP 地址时，如果还需要向 DHCP Server 索要其他的配置参数，它将向 DHCP Server 发送 DHCP Inform 报文进行申请，DHCP Server 如果能够对所请求的参数进行分配的话，那么将会单播回应 DHCP Ack 报文，否则不进行任何操作。

4.2.4 DHCP 工作过程

当 DHCP Client 接入网络后第一次进行 IP 地址申请时，DHCP Server 和 DHCP Client

将完成以下的信息交互过程,同网段的工作过程如图 4-5 所示。

图 4-5 同网段的工作过程

① DHCP Client 在其所在的本地物理子网中广播一个 DHCP Discover 报文,目的是寻找能够分配 IP 地址的 DHCP Server。此报文可以包含 IP 地址和 IP 地址租期的建议。

② 本地物理子网的所有 DHCP Server 都将通过 DHCP Offer 报文来回应 DHCP Discover 报文。DHCP Offer 报文中包含了可用网络地址和其他 DHCP 配置参数。当 DHCP Server 分配新的地址时,应该确认提供的网络地址没有被其他 DHCP Client 使用(DHCP Server 可以通过发送指向被分配地址的 ICMP Echo Request 来确认被分配的地址没有被使用),再发送 DHCP Offer 报文给 DHCP 客户端。

③ DHCP Client 收到一个或多个 DHCP Server 发送的 DHCP Offer 报文后将从多个 DHCP Server 中选择其中一个,并且广播 DHCP Request 报文来表明哪个 DHCP Server 被选择,同时也可以包括其他配置参数的期望值。如果 DHCP Client 在一定时间后依然没有收到 DHCP Offer 报文,那么它就会重新发送 DHCP Discover 报文。

④ DHCP Server 收到 DHCP Client 发送的 DHCP Request 报文后,发送 DHCP Ack 报文做出回应,其中包含 DHCP Client 的配置参数。DHCP Ack 报文中的配置参数不能和早前相应 DHCP Client 的 DHCP Offer 报文中的配置参数有冲突。如果因请求的地址已经被分配等情况导致被选择的 DHCP Server 不能满足需求,DHCP Server 应该回应一个 DHCP Nak 报文。

当 DHCP Client 收到包含配置参数的 DHCP Ack 报文后,会发送免费 ARP 报文进行探测,目的地址为 DHCP Server 指定分配的 IP 地址,如果探测到此地址没有被使用,那么 DHCP Client 就会使用此地址并且配置完毕。

如果 DHCP Client 客户端探测到地址已经被分配使用,DHCP Client 会发送 DHCP Decline 报文给 DHCP Server,并且重新开始 DHCP 进程。另外,如果 DHCP Client 收到 DHCP Nak 报文,DHCP Client 也将重新启动 DHCP 进程。

当 DHCP Client 选择放弃 IP 地址或者租期时,将向 DHCP Server 发送 DHCP Release 报文。

DHCP Client 在从 DHCP Server 获得 IP 地址的同时,也获得了这个 IP 地址的租期。所谓租期就是 DHCP Client 可以使用响应 IP 地址的有效期，租期到期后 DHCP Client 必须放弃该 IP 地址的使用权并重新进行申请。为了避免上述情况，DHCP Client 应在租期到期之前重新进行更新，延长该 IP 地址的使用期限，同网段更新租期如图 4-6 所示。

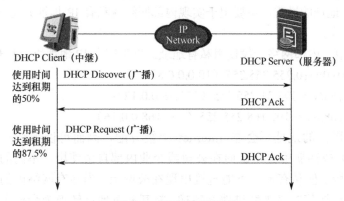

图 4-6 同网段更新租期

当 DHCP Server 和 DHCP Client 处于不同的网段时，跨网段的工作过程如图 4-7 所示。

图 4-7 跨网段的工作过程

① 具有 DHCP Relay 功能的网络设备收到 DHCP Client 以广播方式发送的 DHCP Discover 或 DHCP Request 报文后，根据配置将单播报文转发给指定的 DHCP Server。

② DHCP Server 进行 IP 地址的分配，并通过 DHCP Relay 将配置消息广播发送给客户端，完成网络地址的动态配置。

4.3 NAT 技术

4.3.1 NAT 概述

随着 Internet 的爆发式增长，IPv4 地址越来越成为一种稀缺资源。IPv6 技术是解决

IPv4 地址空间不足的根本方法。但是由于 IPv4 技术的普及，Internet 从 IPv4 过渡到 IPv6 是一个漫长的过程。NAT 技术正是在这样的背景下产生的。

NAT（Network Address Translation，网络地址转换），是将 IP 数据报报头中的 IP 地址转换为另一个 IP 地址的过程，主要用于实现内部网络（私有 IP 地址）访问外部网络（公有 IP 地址）的功能。

在实际应用中，内部网络一般使用私有地址，以下三个 IP 地址块为私有地址：
- A 类 10.0.0.0～10.255.255.255（10.0.0.0/8）；
- B 类 172.16.0.0～172.31.255.255（172.16.0.0/12）；
- C 类 192.168.0.0～192.168.255.255（192.168.0.0/16）。

上述三个范围内的地址不会在 Internet 上被分配，因而可以不必向 ISP（Internet Service Provider）或注册中心申请而在公司或企业内部自由使用。不同的私有网络可以有相同的私有网段。但私有地址不能直接出现在公网上，当私有网络内的主机要与位于公网上的主机进行通信时必须经过地址转换，将其私有地址转换为合法公网地址才能对外访问。

NAT 主要用于实现私有网络访问外部网络的功能。通过应用 NAT 能够使多数的私有 IP 地址转换为少数的公有 IP 地址，减缓可用 IP 地址空间枯竭的速度。同时，使用 NAT 也使企业内部的地址隐藏于 Internet 外面，客观上对企业内部网络提供了一种安全保护。

4.3.2 基本地址转换

基本地址转换（NAPT）是最简单的一种地址转换方式，它只对数据包的 IP 层参数进行转换，如图 4-8 所示。

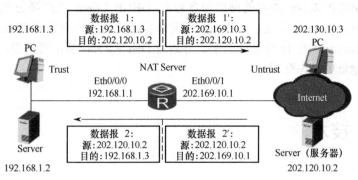

图 4-8 基本地址转换

NAT 服务器处于私有网络和公有网络的连接处，内部 PC 与外部服务器的交互报文全部通过该 NAT 服务器。地址转换的过程如下。

① 内部 PC（192.168.1.3）发往外部服务器（202.120.10.2）的数据报 1 到达 NAT 服务

器后，NAT 服务器查看报头内容，发现该数据报为发往外部网络的报文。

② NAT 服务器将数据报 1 的源地址字段的私有地址 192.168.1.3 换成一个可在 Internet 上选路的公有地址 202.169.10.1，形成数据报 1′发送到外部服务器，同时在网络地址转换表中记录这一地址转换映射。

③ 外部服务器收到数据报 1′后，向内部 PC 发送应答数据报 2′，初始目的地址为 202.169.10.1。

④ 数据报 2′到达 NAT 服务器后，NAT 服务器查看报头内容，查找当前网络地址转换表的记录，用私有地址 192.168.1.3 替换目的地址，形成数据报 2 发送给内部 PC。

上述的 NAT 过程对 PC 和外部服务器来说是透明的。内部 PC 认为与外部服务器的交互报文没有经过 NAT 服务器的干涉；外部服务器认为内部 PC 的 IP 地址就是 202.169.10.1，并不知道存在 192.168.1.3 这个地址。

4.3.3 端口地址转换

基本地址转换过程是一对一的地址转换，即一个公网地址对应一个私网地址，实际上并没有解决公网地址不够用的问题。在实际使用中更多地采用端口地址转换 NAPT 模式，如图 4-9 所示。

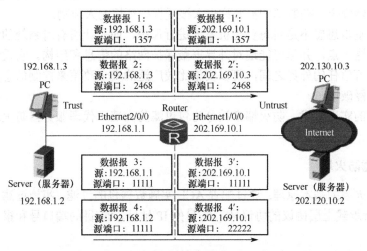

图 4-9 NAPT 过程

在 NAPT 的处理过程中，可能有多台内部主机同时访问外部网络，数据包的源地址不同，但源端口相同，或者数据包的源地址相同，但源端口不同。当数据包经过 NAT 设备时，NAT 设备转换原有源地址为同一个源地址（公网地址），而源端口也被替换为不同的端口号。并且，NAT 设备会自动记录下地址转换的映射关系，当公网数据包返回时，按照记录的对应关系将地址、端口再转换回私网地址和端口，实现了"多对一的映射"。

4.4 防火墙技术

4.4.1 防火墙概述

目前,保护网络安全的主要手段就是构筑防火墙。防火墙是在内部网和 Internet 之间构筑的一道屏障,用以保护内部网中的信息、资源等不受来自 Internet 中非法用户的侵犯,也可以控制内部网与 Internet 之间的数据流量。它可以是软件、硬件或是软/硬件的结合,其目的是保护网络不被外部网络侵犯。它可通过监测、限制、更改跨越防火墙的数据流,尽可能地对外部屏蔽网络内部的信息、结构和运行状况,以此来实现网络的安全保护。

防火墙的安全策略有以下两种:
- 凡是没有被列为允许访问的服务都是被禁止的;
- 凡是没有被列为禁止访问的服务都是被允许的。

防火墙的作用就是确保 Internet 和用户的内部网所交换信息的安全。通常,防火墙就是位于内部网或 Web 站点与 Internet 之间的一个路由器或一台计算机。如同一个安全门,为门内的部门提供安全,控制那些被允许出入该受保护环境的人或物。

防火墙的基本思想不是对每台主机系统进行保护,而是让所有对系统的访问通过某一点,并且保护这一点,并尽可能地对外界屏蔽保护网络的信息和结构。它设置在可信任的内部网络和不可信任的外界之间,可以实施比较广泛的安全政策来控制信息流,防止不可预料的潜在入侵破坏。

根据具体的实现技术,防火墙常被分为包过滤防火墙、代理服务器防火墙和状态检测防火墙。

1. 包过滤防火墙

包过滤防火墙的基本原理:通过配置 ACL 实施数据包的过滤。实施过滤主要是基于数据包中 IP 层所承载上层协议的协议号、源/目的 IP 地址、源/目的端口号和报文传递的方向等信息。

这种技术实现起来最为简单,但是要求管理员定义大量的规则,而当规则定义多了之后,往往会影响设备的转发性能。

2. 代理服务器防火墙

代理服务器的功能主要在应用层实现。当代理服务器收到一个客户的连接请求时,先核实该请求,然后将处理后的请求转发给真实服务器,在接受真实服务器应答并做进一步处理后,再将回复交给发出请求的客户。代理服务器在外部网络和内部网络之间,发挥了中间转接的作用。

使用代理服务器防火墙的好处是可以提供用户级的身份认证、日志记录和账号管理，彻底分隔外部与内部网络。但是，所有内部网络的主机均需通过代理服务器主机才能获得 Internet 上的资源，因此会造成使用上的不便，而且代理服务器很有可能会成为系统的"瓶颈"。

3. 状态检测防火墙

状态检测防火墙是包过滤防火墙的扩展，它不仅把数据包作为独立单元进行 ACL 检查和过滤，同时也考虑前后数据包的应用层关联性。状态检测防火墙使用各种状态表来监控 TCP/UDP 会话，由 ACL 表决定哪些会话允许建立，只有与被允许会话相关联的数据包才被转发。同时状态防火墙针对 TCP/UDP 会话，分析数据包的应用层状态信息，过滤不符合当前应用层状态的数据包。状态检测防火墙结合了包过滤防火墙和代理防火墙的优点，不仅速度快，而且安全性高。

4.4.2 防火墙的安全区域

安全区域（Zone）是防火墙产品所引入的一个安全概念，是其区别于路由器的主要特征。

对于路由器，各个端口所连接的网络在安全上可以视为是平等的，没有明显的内外之分，所以即使进行一定程度的安全检查，也是在端口上完成的。这样，一个数据流单方向通过路由器时有可能需要进行两次安全规则的检查（入端口的安全检查和出端口的安全检查），以使其符合每个端口上独立的安全定义。而这种思路对于防火墙来说却不很适合，因为防火墙所承担的责任是保护内部网络不受外部网络上非法行为的侵害，因而有着明确的内外之分。

当一个数据流通过防火墙的时候，因其发起方向的不同，所引起的操作是截然不同的。由于这种安全级别上的差别，再采用在端口上检查安全策略的方式已经不适用了，将会造成用户在配置上的混乱。因此，防火墙提出了安全区域的概念。

一个安全区域包括一个或多个端口的组合，具有一个安全级别。在设备内部，安全级别通过 0~100 的数字来表示，数字越大表示安全级别越高，不存在两个具有相同安全级别的区域。只有当数据在分属于两个不同安全级别的区域（或区域包含的端口）之间流动的时候，才会激活防火墙的安全规则检查功能。数据在属于同一个安全区域的不同端口间流动时不会引起任何检查。

在防火墙上保留四个安全区域，如图 4-10 所示。
- 非受信区（Untrust）：低级的安全区域，其安全优先级为 5。
- 非军事化区（DMZ）：中度级别的安全区域，其安全优先级为 50。
- 受信区（Trust）：较高级别的安全区域，其安全优先级为 85。
- 本地区域（Local）：最高级别的安全区域，其安全优先级为 100。

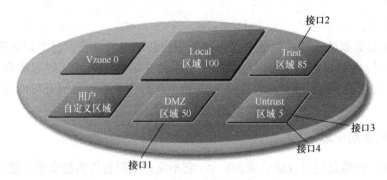

图 4-10 防火墙安全区域划分

此外，如有必要，还可以自行设置新的安全区域并定义其安全优先级别。

DMZ（De Militarized Zone，非军事化区）这一术语起源于军方，指的是介于严格的军事管制区和松散的公共区域之间的一种有着部分管制的区域。防火墙引用了这一术语，指代一个逻辑上和物理上都与内部网络和外部网络分离的区域。通常部署网络时，将那些需要被公共访问的设备（如 WWW Server、Ftp Server 等）放置于此。因为将这些服务器放置于外部网络则它们的安全性无法保障；放置于内部网络，外部恶意用户则有可能利用某些服务的安全漏洞攻击内部网络。因此，DMZ 区域的出现很好地解决了这些服务器的放置问题。

除了 Local 区域以外，在使用其他安全区域时，需要将安全区域分别与防火墙的特定端口相关联，即将端口加入区域。系统不允许两个安全区域具有相同的安全级别，并且同一端口不可以分属于两个不同的安全区域。安全区域与各网络的关联遵循下面的原则：内部网络应安排在安全级别较高的区域；外部网络应安排在安全级别最低的区域；一些可对外部提供有条件服务的网络应安排在安全级别中等的 DMZ 区域。

具体来说，Trust 区域所属端口连接用户要保护的网络；Untrust 区域所属端口连接外部网络；DMZ 区域所属端口连接用户向外部提供服务的部分网络；从防火墙设备本身发起的连接即是从 Local 区域发起的连接。相应的所有对防火墙设备本身的访问都属于向 Local 区域发起访问连接。端口、网络和安全区域关系如图 4-11 所示。

不同级别的安全区域间的数据流动将激发防火墙进行安全策略的检查，并且可以为不同流动方向设置不同的安全策略。区域间的数据流分如下两个方向。

- 入方向（Inbound）：数据由低级别的安全区域向高级别的安全区域传输的方向；
- 出方向（Outbound）：数据由高级别的安全区域向低级别的安全区域传输的方向。

在防火墙上，判断数据传输是出方向还是入方向，总是相对高安全级别的一侧而言。

根据图 4-11 可以得到如下结论：

- 从 DMZ 区域到 Untrust 区域的数据流为出方向，反之为入方向；
- 从 Trust 区域到 DMZ 区域的数据流为出方向，反之为入方向；
- 从 Trust 区域到 Untrust 区域的数据流为出方向，反之为入方向。

第 4 章 网络安全技术

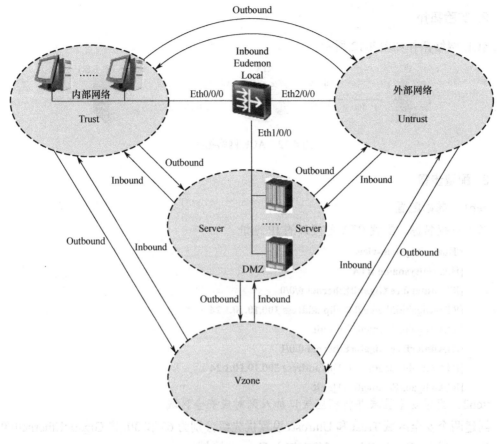

图 4-11 端口、网络和安全区域关系

路由器上数据流动方向的判定是以端口为主：由端口发送的数据方向称为出方向；由端口接收的数据方向称为入方向。这也是路由器有别于防火墙的重要特征。

在防火墙中，当报文从高优先级区域向低优先级区域发起连接时，即从 Trust 区域向 Untrust 区域和 DMZ 区域发起数据连接，或 DMZ 区域向 Untrust 区域发起连接时，必须明确配置默认过滤规则。

4.5 实训一　基本 ACL 配置

1. 实验目的

掌握 AR G3 上安全区域和 ACL 的基本配置方法。

2. 实验拓扑

ACL 网络拓扑如图 4-12 所示。

图 4-12　ACL 网络拓扑

3. 配置步骤

step1：基础配置。

修改系统名称、配置 RTA 各接口的 IP 地址。

    \<Huawei\>**system-view**
    [Huawei]**sysname RTA**
    [RTA]**interface GigabitEthernet 0/0/0**
    [RTA-GigabitEthernet0/0/0]**ip address 100.10.10.1 24**
    [RTA-GigabitEthernet0/0/0]**quit**
    [RTA]**interface GigabitEthernet 0/0/1**
    [RTA-GigabitEthernet0/0/1]**ip address 200.10.10.1 24**
    [RTA-GigabitEthernet0/0/1]**quit**

step2：配置安全区域并将相应接口加入到对应安全区域。

创建两个安全区域 Trust 和 Untrust，设置优先级分别为 63 和 30，将 GigabitEthernet0/0/0 加入 Trust 区域，GigabitEthernet0/0/1 加入 Untrust 区域。

    [RTA]**firewall zone trust**
    [RTA-zone-trust]**priority 63**
    [RTA-zone-trust]**quit**
    [RTA]**firewall zone untrust**
    [RTA-zone-untrust]**priority 30**
    [RTA-zone-untrust]**quit**
    [RTA]**interface GigabitEthernet 0/0/0**
    [RTA-GigabitEthernet0/0/0]**zone trust**
    [RTA-GigabitEthernet0/0/0]**quit**
    [RTA]**interface GigabitEthernet 0/0/1**
    [RTA-GigabitEthernet0/0/1]**zone untrust**

step3：开启区域间防火墙功能并配置 ACL 过滤。

创建 ACL3001 允许 PC 能 ping 通 Server，即 PC 的 ICMP 报文能到达 Server。

    [RTA]**acl 3001**
    [RTA-acl-adv-3001]**rule permit icmp source 100.10.10.0 0.0.0.255 destination 200.10.10.0 0.0.0.255**

第 4 章　网络安全技术

配置区域间防火墙策略。

　　[RTA]**firewall interzone trust untrust**

　　[RTA-interzone-trust-untrust]**firewall enable**

　　[RTA-interzone-trust-untrust]**packet-filter 3001 outbound**

4. 结果验证

验证防火墙安全区域间配置，使用 display firewall interzone 命令查看安全区域间的配置情况。

　　[RTA]**display firewall interzone trust untrust**

　　interzone trust untrust

　　　firewall enable

　　　packet-filter default deny inbound

　　　packet-filter default permit outbound

　　　packet-filter 3001 outbound

验证 PC 与 Server 之前的连通性。

　　C:\Users>**ping 200.10.10.2**

　　Pinging 200.10.10.2 with 32 bytes of data:

　　Reply from 200.10.10.2: bytes=32 time=12ms TTL=127

　　Reply from 200.10.10.2: bytes=32 time<1ms TTL=127

　　Reply from 200.10.10.2: bytes=32 time<1ms TTL=127

　　Reply from 200.10.10.2: bytes=32 time<1ms TTL=127

　　Ping statistics for 200.10.10.2:

　　　　Packets: Sent = 4, Received = 4, Lost = 0 (0% loss),

　　Approximate round trip times in milli-seconds:

　　　　Minimum = 0ms, Maximum = 12ms, Average = 3ms

可见 PC 可以成功 ping 通 Server。

　　C:\Server>**ping 100.10.10.2**

　　Pinging 100.10.10.2 with 32 bytes of data:

　　Request timed out.

　　Request timed out.

　　Request timed out.

　　Request timed out.

　　Ping statistics for 200.10.10.3:

　　　　Packets: Sent = 4, Received = 0, Lost = 4 (100% loss),

反之 Server 则无法 ping 通 PC。

查看防火墙上的会话信息，在使用 display firewall session all verbose 命令查看防火墙 RTA 上的会话详细信息。

```
[RTA]display firewall session all verbose
Firewall Session Table Information:

Total : 0

[RTA]display firewall session all verbose
Firewall Session Table Information:

    Protocol            : ICMP(1)
    SrcAddr    Vpn      : 100.10.10.2
    DestAddr   Vpn      : 200.10.10.2
    Type Code IcmpId    : 8   0   1
    Time To Live        : 20 s
    Firewall-Info
      InZone            : trust
      OutZone           : untrust

Total : 1
```

4.6 实训二 DHCP 的配置与实现

1. 实验目的

通过 DHCP 的配置，使总部中所有主机都可以自动获取 IP 地址。

2. 实验拓扑

DHCP 配置拓扑如图 4-13 所示。

Z-R 作为 DHCP Server，Z-CS-A 作为 DHCP Relay，地址池为 172.16.4.0/23。

3. 配置流程

DHCP 配置流程如图 4-14 所示。

第4章 网络安全技术

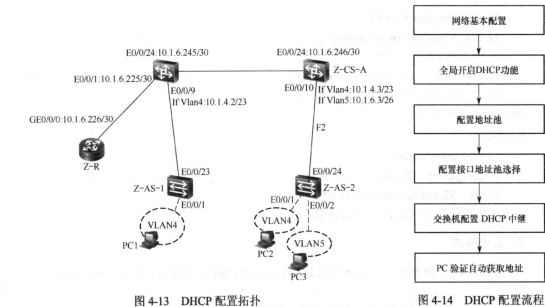

图 4-13 DHCP 配置拓扑　　　图 4-14 DHCP 配置流程

4. 配置步骤

step1：按图 4-13 配置端口 IP。

具体配置步骤略。

step2：配置 DHCP 服务器。

```
[Z-R]dhcp enable
#使能 DHCP 功能#
[Z-R]ip pool 1
#创建 DHCP 地址池#
[Z-R-ip-pool-1]network 172.16.4.0 mask 255.255.254.0
#指明地址池地址范围#
[Z-R-ip-pool-1]gateway-list 172.16.4.1
#指明服务器网管地址#
[Z-R-ip-pool-1]excluded-ip-address 172.16.4.2 172.16.4.3
[Z-R-GigabitEthernet0/0/0]dhcp select global
#使能端口的 DHCP 服务功能，指定从全局地址池分配地址。#
```

step3：配置 DHCP 中继。

```
[Z-CS-1]dhcp enable
[Z-CS-1] dhcp server group 1
#创建一个 DHCP 服务器组#
[Z-CS-1-dhcp-server-group-1]dhcp-server 172.16.6.226
# DHCP 服务器组中添加 DHCP 服务器#
```

```
[Z-CS-1]interface Vlanif 4
[Z-CS-1-Vlanif4] dhcp select relay
#使能 DHCP Relay 功能#
[Z-CS-1-Vlanif4] dhcp relay server-select 1
#配置 DHCP 中继所对应的 DHCP 服务器/#
```
step4：客户端配置。

Z-CS-2：
```
[Z-CS-2 ]dhcp enable
[Z-CS-2]interface Vlanif4
[Z-CS-2-Vlanif4]ip address dhcp-alloc
```
各 PC 地址获取方式设置为自动获取。

5. 实验测试

PC 可自动获取 IP 地址，在 cmd 窗口使用 ipconfig /all 命令查看，如图 4-15 所示。

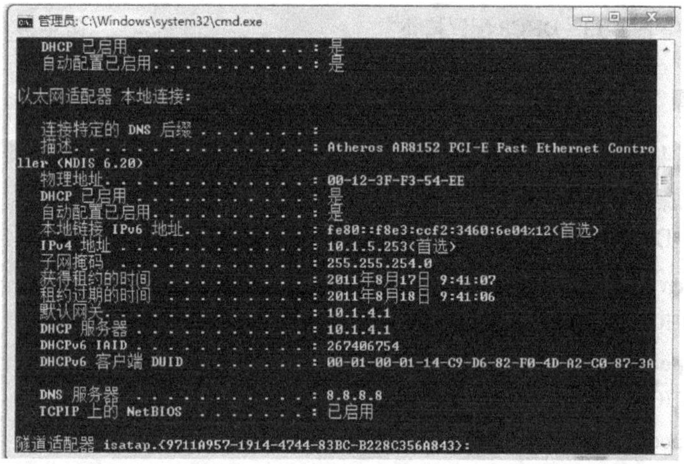

图 4-15 PC 自动获取 IP 地址

4.7　实训三　防火墙 NAT 的配置与实现

1. 实验目的

在防火墙上启动 NAT，利用唯一的公网 IP 提供端口复用，保证全公司内网用户可通过一个 IP 地址访问 Internet。防火墙上配置 NAT Server，保证来自 Internet 的访客可以访问到 Web Server。

2. 实验拓扑

防火墙 NAT 配置拓扑如图 4-16 所示。

3. 配置流程

防火墙 NAT 配置流程如图 4-17 所示。

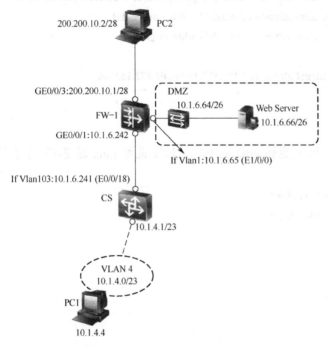

图 4-16 防火墙 NAT 配置拓扑   图 4-17 防火墙 NAT 配置流程

4. 配置步骤

step1：按照图 4-16 配置 IP 地址。

具体配置步骤略。

step2：将 Eudemon 各端口加入相应的安全区域。

```
[Eudemon] firewall zone trust
[Eudemon-zone-trust] add interface vlanif2
[Eudemon] firewall zone untrust
[Eudemon-zone-untrust] add interface vlanif 3
[Eudemon] firewall zone DMZ
[Eudemon-zone-DMZ] add interface vlanif 1
```

step3：开启域间包过滤规则。

```
[Eudemon] firewall packet-filter default permit all
```

step4：配置应用于 Trust、Untrust 域间的 NAT 地址池。

    [Eudemon] **nat address-group 1 200.1.1.1　200.1.1.1**

step5：配置 NAT outBound。

    [Eudemon] **nat-policy interzone trust untrust outbound**

    [Eudemon-nat-policy-interzone-trust-untrust-outbound] **policy 1**

    [Eudemon-nat-policy-interzone-trust-untrust-outbound-1] **policy source 172.16.4.0 0.0.3.255**

    [Eudemon-nat-policy-interzone-trust-untrust-outbound-1] **action source-nat**

    [Eudemon-nat-policy-interzone-trust-untrust-outbound-1] **address-group 1**

step6：配置 NAT Server。

    [Eudemon] **at server 0 zone untrust global 200.200.172.16 inside 172.16.6.66**

step7：配置静态路由。

5. 实验测试

① 用 ping 命令检查连通性：PC1 能够 ping 通 PC2，PC2 能够 ping 通 Z-FW-1 直连端口。

② 在防火墙上查看相应的 NAT 转换表。

    [Eudemon]**disaplay firewall session table**

4.8　总结与习题

① 什么是访问控制列表？
② ACL 有哪些分类？
③ 私有 IP 地址有哪些范围？
④ NAT 的实现方式有几种？
⑤ 防火墙有哪几种分类？
⑥ 安全区域有哪些划分方式？
⑦ 请描述主机通过 DHCP 获取 IP 地址的流程。
⑧ 请描述 DHCP 中继的原理。

第 5 章 广域网互联技术

本章导读

广域网是一种地理区域比 LAN 大的数据通信网络，一个广域网可以由多个局域网组成，企业通常需要广域网将分散在各地的分支机构局域网彼此联系起来，实现局域网之间的通信。在本任务中，总部与分支机构之间可以通过广域网技术实现互联。

5.1 HDLC 协议

广域网（Wide Area Network，WAN）是影响广泛的复杂网络系统。WAN 由两个以上的 LAN 构成，大型的 WAN 可以由许多 LAN 和 MAN 组成。最广为人知的 WAN 就是 Internet，它由全球成千上万的 LAN 和 WAN 组成。

PPP、HDLC、X.25、FR、ATM 都是常见的 WAN 广域网技术。PPP 和 HDLC 是一种点到点的连接技术，而 X.25 和 FR、ATM 则是属于分组交换技术。

高级数据链路控制 HDLC（High-level Data Link Control）是一种面向比特的链路层协议。HDLC 最大的特点是不需要规定数据必须是字符集，对任何一种比特流，均可以实现透明的传输。与其他数据链路层协议相比，HDLC 具有以下几个特点：

- 全双工通信，不必等待确认可连续发送数据，具有较高的数据链路传输效率；
- 所有帧均采用 CRC 校验，对信息帧进行顺序编号，可防止漏收或重收，传输可靠性高；
- 传输控制功能与处理功能分离，具有较大的灵活性和较完善的控制功能；
- 协议不依赖于任何一种字符编码集，数据报文可透明传输；
- 用于透明传输的零比特插入法，易于硬件实现。

HDLC 中常用的操作方式有三种：正常响应方式、异步响应方式和异步平衡方式。

1. 正常响应方式（Normal Response Mode，NRM）

NRM 是一种非平衡数据链路操作方式，有时也称为非平衡正常响应方式。该操作方式使用面向终端的点到点或一点到多点的链路。在这种操作方式下，传输过程由主节点启动，从节点只有收到主节点某个命令帧后，才能作为响应向主节点传输信息。响应信息可以由一个或多个帧组成，若信息由多个帧组成，则应指出哪一帧是最后一帧。主节点负责管理整个链路，且具有轮询、选择从节点及向从节点发送命令的功能，同时也负责对超时、重发及各种恢复操作的控制。

2. 异步响应方式（Asynchronous Response Mode，ARM）

ARM 也是一种非平衡数据链路操作方式。与 NRM 不同，ARM 的传输过程由从节点启动，从节点主动发送给主节点一个或一组帧。在这种操作方式下，由从节点来控制超时和重发。该方式对采用轮询方式的多节点链路来说是必不可少的。

3. 异步平衡方式（Asynchronous Balanced Mode，ABM）

ABM 是一种允许任何节点来启动传输的操作方式。为了提高链路传输效率，节点之间在两个方向上都需要有较高的信息传输量。在这种操作方式下，任何时候、任何节点都能启动传输操作，每个节点既可以作为主节点又可作为从节点。各个节点都有相同的一组协议，任何节点都可以发送或接收命令，也可以给出应答，并且各节点对差错恢复过程都负有相同的责任。

HDLC 开始发送一帧后，就要连续不断地发完该帧。HDLC 可以同时确认几个帧，HDLC 中的每个帧含有地址字段。在多点的结构中，每个从节点只接收含有本节点地址的帧。因此主节点在选中一个从节点并与之通信的同时，不用拆链便可以选择其他的节点通信，即可以同时与多个节点建立链路。由于以上特点，HDLC 具有较高的传输效率。

HDLC 适用于点到点或点到多点式的结构，半双工或全双工的工作方式。就传输方式而言，HDLC 只用于同步传输，常用于中高速传输。

5.2 PPP 协议

5.2.1 PPP 协议概述

PPP 协议是一种在点到点链路上承载网络层数据包的数据链路层协议，处于 TCP/IP 协议的数据链路层。主要用于在支持全双工的同异步链路上进行点到点之间的数据传输。

PPP 协议是在串行线 IP 协议 SLIP（Serial Line IP）的基础上发展起来的。由于 SLIP 协议存在只支持异步传输方式、无协商过程（尤其不能协商如双方 IP 地址等网络层属性）、只能承载 IP 一种网络层报文等缺陷，在发展过程中，逐步被 PPP 协议所替代。

PPP 协议处于 TCP/IP 协议的数据链路层，主要用在支持全双工的同异步链路上，进行点到点的数据传输。PPP 协议主要由三类协议栈组成：

- 链路控制协议栈（Link Control Protocol）：主要用来建立、拆除和监控 PPP 协议数据链路。
- 网络层控制协议栈（Network Control Protocol）：主要用来协商在该数据链路上所传

输数据包的格式与类型。
- PPP 扩展协议栈：主要用于提供对 PPP 功能的进一步支持，如 PPP 提供了用于网络安全方面的验证协议栈（PAP 和 CHAP）。

5.2.2 PPP 协议工作流程

PPP 协议链路的建立是通过一系列协商完成的，整个链路过程需经历不同阶段的状态转移。PPP 协议链路建立过程如图 5-1 所示。

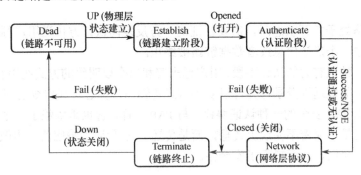

图 5-1 PPP 协议链路建立过程

PPP 协议运行总是以 Dead 阶段开始和结束。通常处在这个状态的时间很短，仅仅是检测到硬件设备后（硬件连接状态为 Up）就进入链路建立阶段。

在链路建立阶段，PPP 协议链路进行 LCP 协商。协商内容包括工作方式是 SP(Single-link PPP)，还是 MP（Multilink PPP）、最大接收单元 MRU、验证方式、魔术字和异步字符映射等选项。LCP 协商成功后进入 Opened 状态，表示底层链路已经建立。

如果配置了验证，将进入认证阶段，开始 CHAP 或 PAP 验证。如果没有配置验证，则直接进入 Network 阶段。

对于认证阶段，如果验证失败，进入链路终止阶段，拆除链路，LCP 状态转为 Closed。如果验证成功，进入 Network 阶段，此时 LCP 状态仍为打开，而 NCP 状态从 Initial 转到 Starting。

在 Network 阶段，PPP 协议链路进行 NCP 协商，NCP 协商包括 IPCP（IP Control Protocol）、MPLSCP（MPLS Control Protocol）等协商。IPCP 协商主要包括双方的 IP 地址。通过 NCP 协商来选择和配置一个网络层协议。只有相应的网络层协议协商成功后（相应协议的 NCP 协商状态为 Opened），该网络层协议才可以通过这条 PPP 协议链路发送报文。如 IPCP 协商通过后，这条 PPP 协议链路才可以承载 IP 报文。

NCP 协商成功后，PPP 协议链路将一直保持通信。在 PPP 协议运行过程中，可以随时中断连接，物理链路断开、认证失败、超时定时器时间到、管理员通过配置关闭连接等动作都可能导致链路进入链路终止阶段。

进入链路终止阶段且资源释放完，则进入链路不可用阶段。

5.2.3 PPP 协议的认证

PPP 协议的认证包括两种方式：口令认证协议（PAP）和挑战握手认证协议（CHAP）。

1. 口令认证协议（PAP）

PAP 是一种通过两次握手完成对等实体间相互身份确认的方法。它只是在链路刚建立时使用，在链路存在期间不能重复用 PAP 进行对等实体之间的身份确认，PAP 认证如图 5-2 所示。

在数据链路处于打开状态时，需要认证的一方反复向认证方传送用户标志符和口令，直到认证方回送一个确认信息或者数据链路被终止。

PAP 不是一种强有力的认证手段，用户标志符和口令以明码的方式在串行线路上传输，因此，只适用于类似远程登录等允许以明码方式传输用户标志符和口令的应用。

CHAP 是比 PAP 安全的一种认证协议，与 PAP 一样，它也是依赖于一个双方都知道的"共同秘密"，但是该秘密不在线上传输，而是传递一对质询值/响应值（由散列算法得出）来保证秘密不被窃取，从而提高了安全性。

2. 挑战握手认证协议（CHAP）

CHAP 是一种通过三次握手，周期性地验证对方身份的方法。它在数据链路刚建立时使用，在整个数据链路存在期间可以重复使用，CHAP 认证如图 5-3 所示。

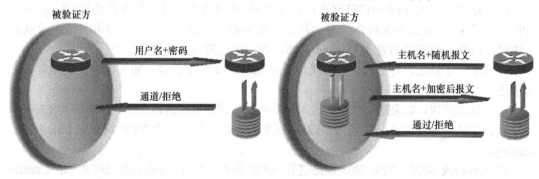

图 5-2 PAP 认证　　　　　　　　　图 5-3 CHAP 认证

在数据链路处于打开状态时，认证方给需要认证的 PPP 协议实体发送一个挑战信息，需要认证的 PPP 协议实体按照事先给定的算法对挑战信息进行计算，将计算结果返回给认证方，认证方将返回的计算结果和自己在本地计算后得到的结果进行比较，若一致，表示认证通过，给需要认证的 PPP 协议实体发送认证确认帧，否则，应该终止数据链路。

CHAP 是比 PAP 具有更强有力保密功能的认证协议，它适用于数据链路两端都能访问到共同密钥的情况。

5.2.4 PPPoE 协议

PPP 协议应用虽然很广泛，但是不能应用于以太网，因此提出了 PPPoE 协议。PPPoE 协议是对 PPP 协议的扩展，它可以使 PPP 协议应用于以太网。

PPPoE（PPP over Ethernet）协议提供了在广播式的网络（如以太网）中多台主机连接到远端的访问集中器（宽带接入服务器）上的一种标准。

PPPoE 协议会话建立过程分为以下两个阶段：地址发现阶段和 PPPoE 协议会话阶段。

为了在以太网上建立点到点的连接，每一个 PPPoE 协议会话必须知道通信对方的以太网地址，并建立唯一的会话标志符。PPPoE 协议通过地址发现协议查找对方的以太网地址。

当某个主机希望发起一个 PPPoE 协议会话时，它首先通过地址发现协议来确定对方的以太网 MAC 地址并建立起一个 PPPoE 协议会话标志符 Session ID。

虽然 PPP 协议定义是点到点的对等关系，地址发现却是一种客户端/服务器关系。在地址发现的过程中，主机作为客户端，发现某个作为服务器的接入访问集中器 AC 的以太网地址。

根据网络的拓扑，可能主机跟不止一个访问集中器通信。发现阶段允许主机发现所有的访问集中器，并从中选择一个进行通信。

当发现阶段成功完成之后，主机和访问集中器两者都具备了在以太网上建立点到点连接所需的所有信息。

在开始建立一个 PPPoE 协议会话之前，发现阶段一直保持无状态。

一旦开始建立 PPPoE 协议会话，主机和作为接入服务器的访问集中器都必须为一个 PPP 协议虚拟端口分配资源。

进入 PPPoE 协议会话阶段后，需要进行 LCP 协商，协商得到的 MRU 值最大为 1492B。因为以太帧长最大为 1500B，而 PPPoE 协议帧头为 6B、PPP 协议 ID 为 2B，因此 PPP 协议的 MTU 值最大为 1492B。当 LCP 断开连接时，主机和访问集中器之间停止 PPPoE 协议会话，如果主机需要重新开始 PPPoE 协议会话，必须重新回到 PPPoE 发现阶段。

LCP 协商成功后，还需要进行 NCP 协商。协商成功后，主机和接入服务器便可以通信了。

PPP 协议在广域网中被广泛使用，与 HDLC 相比，主要有以下优势：

- PPP 协议支持用户认证，并且有 PAP 和 CHAP 两种认证方式，可以带来更高的安全性，因此 PPPoE 被广泛用作宽带用户的接入认证协议；HDLC 没有认证功能。
- 就传输方式而言，PPP 协议支持同步和异步模式，而 HDLC 协议只能工作在同步模式下。
- 就协议报文的封装而言，各厂商设备上运行的 HDLC 帧封装方式略有差异，而 PPP 协议作为业界标准，各厂商运行 PPP 协议的封装都是相同的，因此，在实现不同厂商之间的设备互连时，PPP 协议具备更大的优势。

5.3 帧中继协议

5.3.1 帧中继协议概述

帧中继协议是广域网的主流协议之一。帧中继协议是一个面向连接的二层传输协议，它是在 X.25 协议基础上发展起来的。帧中继协议简化了 X.25 的三层功能，更正了 X.25 中的查错纠错机制，提高了传输的效率。随着电子技术与传输技术的发展，传输链路不再是导致误码的主要原因，在传输中再保留复杂的查错纠错机制是没有必要的。帧中继协议假设传输链路是可靠的，把查错纠错功能和流量控制推向网络的边缘设备，所以大大提高了信息传输的效率。帧中继协议网络如图 5-4 所示。

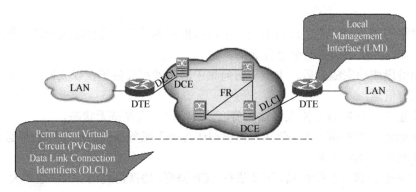

图 5-4 帧中继协议网络

帧中继协议是基于虚电路（Virtual Circuits）的，虚电路有 SVC 和 PVC 两种，国内主要使用帧中继协议的 PVC 业务。常见的组网方式：用户的路由器封装帧中继协议，作为 DTE 设备连接到帧中继协议网的 DCE 设备（帧中继协议交换机）。网络运营商为用户提供固定的虚电路连接，用户可以申请许多虚电路，通过帧中继协议网络交换到不同的远端用户。

以太网中通过 MAC 地址来标志终端，一个 MAC 地址代表一个终端。在帧中继协议中，使用 DLCI（数据链路连接标志符）标志每一个 PVC。通过帧中继协议地址字段的 DLCI，可以区分出该帧属于哪一条虚电路。

LMI（本地管理端口）协议用于建立和维护路由器和交换机之间的连接。LMI 协议还用于维护虚电路，包括虚电路的建立、删除和状态改变。

5.3.2 帧中继协议的帧结构

帧中继协议的帧结构如图 5-5 所示。

8	7	6	5	4	3	2	1
标志							
0	1	1	1	1	1	1	0
DLCI（高 价 比 特）						C/R	EA0
DLCI（低 价 比 特）				FECN	BECN	DE	EA1
信息							
FCS							
FCS							
标志							
0	1	1	1	1	1	1	0

图 5-5 帧中继协议的帧结构

下面对帧结构中各字段的含义进行逐一说明。

1. 标志字段（F）

标志字段是一个独特的 01111110 比特序列，用于指示一帧的开始与结束。

2. 地址字段（AA）

一般为 2B，也可扩展为 3B 或 4B。
地址字段由以下几部分组成。

① **数据链路连接标志符（DLCI）**：DLCI 的长度取决于地址字段的长度，地址字段为 2B，DLCI 占 10 位。DLCI 值用于标志节点与节点之间的逻辑链路、呼叫控制及管理信息。对于 2B 地址字段的 DLCI，从 16～1007 共 992 个地址供帧中继协议使用。DLCI 为 0，用于传递呼叫控制信息；DLCI 为 1023，用于链路管理；DLCI 为 1～15 和 1008～1022，暂时保留。

② **命令/响应（C/R）**：C/R 与高层的应用有关，帧中继协议本身并不使用。

③ **地址扩展（EA）**：当 EA 为 0 时表示下一字节仍为地址字段，当 EA 为 1 时表示地址字段到此为止。

④ **前向拥塞通知（FECN）**：若某节点将 FECN 置于 1，则表明与该帧同方向传输的帧可能受到网络拥塞的影响而产生时延。

⑤ **后向拥塞通知（BECN）**：若某节点将 BECN 置于 1，则指示接收者与该帧相反方向传输的帧可能受到网络拥塞的影响而产生时延。

⑥ **丢弃指示（DE）**：当 DE 置于 1，表明在网络发生拥塞时，为了维持网络的服务水平，该帧与 DE 为 0 的帧相比应先丢弃。由于采用了 De 位，用户就可以比通常允许的情况多发送一些帧，并将这些帧的 DE 位置于 1。当然 DE 为 1 的帧属于不太重要的帧，必要时可以丢弃。

3. 信息字段（I）

信息字段长度为 1600B～2048B 不等。信息字段可传送多种规程信息，如 X.25、局域网等，为帧中继协议与其他网络的互联提供了方便。

4. 帧校验字段（FCS）

FCS 为 2B 的循环冗余校验（CRC 校验）。FCS 并不是要使网络从差错中恢复过来，而是为网络节点所用，作为网络管理的一部分，检测链路上差错出现的频度。当 FCS 检测出差错时，就将此帧丢弃，差错的恢复由终端去完成。

5.3.3 帧中继协议的带宽管理

帧中继协议网络通过为用户分配带宽控制参数，对每条虚电路上传送的用户信息进行监视和控制，实施带宽管理，以合理地利用带宽资源。

帧中继协议网络为每个用户分配三个带宽控制参数：B_c、B_e 和 CIR。同时，每隔 T_c 时间间隔对虚电路上的数据流量进行监视和控制，$T_c=B_c/\text{CIR}$。

CIR 是网络与用户约定的用户信息传送速率。如果用户以小于或等于 CIR 的速率传送信息，正常情况下，应保证这部分信息的传送。B_c 是网络允许用户在 T_c 时间间隔传送的数据量，B_e 是网络允许用户在 T_c 时间间隔内传送的超过 B_c 的数据量。帧中继协议的带宽管理如图 5-6 所示。网络在运行过程中，根据每个帧中继协议用户终端与网络约定的带宽控制参数（B_c、B_e、CIR），按 T_c 时间间隔对每个虚电路上传送的数据量进行监控。假如 T_c 内传送的数据量为 D_t，则：

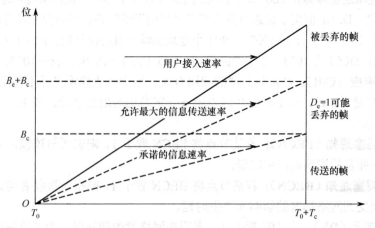

图 5-6 帧中继协议的带宽管理

- 当 $D_t < B_c$ 时，继续传到帧。
- 当 $B_c < D_t < B_e + B_c$，若网络未发生严重拥塞，则将 B_e 范围内传送帧的 De 位置 1 后继

续传送，否则将这些帧丢弃。
- 当 $D_f > B_e + B_c$ 时，将超过范围的帧丢弃。

在网络运行初期，网络运营部门为保证 CIR 范围内用户数据信息的传送，在提供可靠服务的基础上积累网管经验，使中继线容量等于经过该中继线的所有 PVC 的 CIR 之和，为用户提供充裕的数据带宽，以防止拥塞的发生。同时，还可以多提供一些 CIR=0 的虚电路业务，充分利用帧中继协议动态分配带宽资源的特点，降低用户通信费用，以吸引更多用户。

5.3.4 帧中继协议的分配

帧中继协议是一种统计复用协议，它可以在单一物理传输线路上提供多条虚电路。每条虚电路用数据链路连接 DLCI 来标志。通过帧中继协议帧中的地址字段 DLCI，可区分出该帧属于哪一条虚电路。DLCI 只在本地端口和与之直接相连的对端端口有效，不具有全局有效性。由于帧中继协议虚电路是面向连接的，本地不同的 DLCI 连接到不同对端设备，所以可认为本地 DLCI 就是对端设备的"帧中继协议地址"。

帧中继协议网络由电信运营商提供，用户的路由器使用的帧中继协议 PVC 的 DLCI 是由提供帧中继协议服务公司分配的。

帧中继协议地址映射是把对端设备的协议地址与对端设备的帧中继协议地址（本地的 DLCI）关联起来，以便高层协议能通过对端设备的协议地址寻址到对端设备。帧中继协议主要用来承载 IP 协议，在发送 IP 报文时，由于路由表只知道报文的下一跳地址，所以发送前必须由该地址确定其对应的 DLCI。这个过程可以通过查找帧中继协议地址映射表来完成。地址映射表可以由手工配置，也可以由 Inverse ARP 协议动态维护。

5.3.5 帧中继协议的寻址

帧中继协议的寻址如图 5-7 所示。北京和上海之间的 PVC 是由北京的 DLCI 17 和上海的 DLCI 16 组成。任何一个 DLCI 值为 17，发送到上海的帧中继协议交换机的数据业务将会发送出上海的帧中继协议交换机，其 DLCI 值为 16。同理，任何一个 DLCI 值为 16，送入上海的帧中继协议交换机的数据业务将会以 DLCI 值为 17 送出北京的帧中继协议交换机。

南京和上海之间的 PVC 中，南京和上海的 DLCI 值都为 100。任何一个 DLCI 值为 100，送入南京的帧中继协议交换机的数据业务将会以同样的 DLCI 发送出上海的帧中继协议交换机。同理，任何一个 DLCI 值为 16 的送入上海的帧中继协议交换机的数据业务将以同样的 DLCI 值发送出南京的帧中继协议交换机。可以看出在这条 PVC 链路两旁的 DLCI 值均为 100，之所以能这样是因为 DLCI 值只是局部有效的。

南京和成都之间的 PVC 中，南京的 DLCI 为 28，成都的 DLCI 为 46。任何一个以 DLCI 值为 28 送入南京帧中继协议交换机的数据业务会以 DLCI 值为 46 送出成都的帧中继协议交换机，同理，任何一个以 DLCI 值为 46 送入成都的帧中继协议交换机的数据业务会以

DLCI 值为 28 发送出南京的帧中继协议交换机。

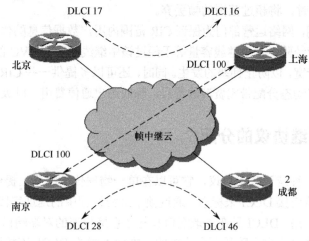

图 5-7 帧中继协议的寻址

5.4 实训一 HDLC 互联配置

1. 实验目的

通过 HDLC 方式实现 F1-R 和 Z-R 两台路由器互联。

2. 实验拓扑

HDLC 配置拓扑如图 5-8 所示。

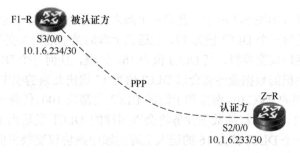

图 5-8 HDLC 配置拓扑

3. 配置步骤

设置路由器端口 IP 及链路层协议。默认情况下 Serial 端口工作在 PPP 模式,所以需要修改为 HDLC。

    [F1-R]**interface Serial 3/0/0**

    [F1-R –Serial3/0/0]**ip address 172.16.6.234 30**

    [F1-R –Serial3/0/0]**link-protocol hdlc**

    [Z-R]**interface Serial 2/0/0**

    [Z-R –Serial2/0/0]**ip address 172.16.6.233 30**

    [Z-R –Serial2/0/0]**link-protocol hdlc**

4. 任务测试

配置完成后，F1-R 和 Z-R 能够互相 ping 通。

    [F1-R] **ping 172.16.6.233**
    PING172.16.6.233: 56   data bytes, press CTRL_C to break
    Reply from 172.16.6.233: bytes=56 Sequence=1 ttl=255 time=1 ms
    Reply from 172.16.6.233: bytes=56 Sequence=2 ttl=255 time=1 ms
    Reply from 172.16.6.233: bytes=56 Sequence=3 ttl=255 time=1 ms
    Reply from 172.16.6.233: bytes=56 Sequence=4 ttl=255 time=1 ms
    Reply from 172.16.6.233: bytes=56 Sequence=5 ttl=255 time=1 ms

5.5　实训二　PPP 互联配置

1. 实验目的

通过 PPP 方式连接 F1-R 和 Z-R 两台路由器，同时进行 PAP/CHAP 认证，其中路由器 Z-R 作为认证方，F1-R 作为被认证方。

2. 实验拓扑

PPP 配置拓扑如图 5-9 所示。

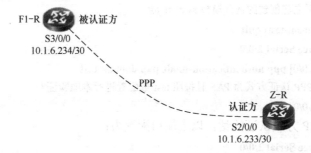

图 5-9　PPP 配置拓扑

3. 配置步骤

step1：设置路由器端口 IP 及链路层协议。

在默认情况下 Serial 端口工作为 PPP 模式，所以一般不需要修改链路层协议。

  [F1-R]**interface Serial 3/0/0**
  [F1-R –Serial3/0/0]**ip address 172.16.6.234 30**
  [F1-R –Serial3/0/0] **link-protocol ppp**
  #该配置为默认配置#
  [Z-R]**interface Serial 2/0/0**
  [Z-R –Serial2/0/0]**ip address 172.16.6.233 30**
  [Z-R –Serial2/0/0] **link-protocol ppp**

step2：配置认证（可选）。

PPP 协议在建立连接时可以选择进行认证，在本例中 Z-R 作为认证方，用户信息保存在本地，要求 F1-R 对其进行 PAP/CHAP 认证。在路由器 Z-R 上创建本地用户及域并配置端口 PPP 认证方式为 PAP/CHAP，认证域为 test。

  [Z-R] **aaa**
  [Z-R-aaa] **local-user user1@test password simple huawei**
  #在本地创建用户//user1@test,并设置密码为 huawei，其中 test 实为用户所在域名#
  [Z-R-aaa] **local-user user1@test service-type ppp**
  #设置用户服务类型为 PPP#
  [Z-R-aaa] **authentication-scheme system_a**
  #创建一个认证模板 system_a#
  [Z-R-aaa-authen-system_a] **authentication-mode local**
  #在该模板中设置认证时使用#
  #本地认证#
  [Z-R-aaa-authen-system_a] **quit**
  [Z-R-aaa] **domain test**
  #创建一个认证域 test#
  [Z-R-aaa-domain-test] **authentication-scheme system_a**
  #在域中引用之前创建的认证模板 system_a#
  [Z-R-aaa-domain-test] **quit**
  [Z-R]**interface Serial 2/0/0**
  [Z-R-serial2/0/0] **ppp authentication-mode pap domain test**
  #设置端口 PPP 认证方式为 PAP 且按照 test 域配置进行本地验证#
  [Z-R-serial2/0/0] **quit**

如果使用 CHAP 方式认证的话，以上端口配置为：

  [Z-R]**interface Serial 2/0/0**
  [Z-R-serial2/0/0] **ppp authentication-mode chap domain test**

[Z-R-serial2/0/0] **quit**

在路由器 F1-R 上配置本地被 Z-R 要求验证时需要发送的用户名和密码。

[F1-R]**interface Serial 3/0/0**
[F1-R-serial3/0/0] **ppp pap local-user user1@test password simple huawei**
//端口以//PAP 方式被验证

[F1-R]**interface Serial 3/0/0**
[F1-R-serial3/0/0] **ppp chap local-user user1@test password simple huawei**
//端口以//CHAP 方式被验证

4. 任务测试

在路由器 Z-R 上通过命令 display interface serial 2/0/0 查看端口的配置信息,端口的物理层和链路层的状态都是 Up 状态,并且 PPP 的 LCP 和 IPCP 都是 Opened 状态,说明链路的 PPP 协商已经成功。

5.6 实训三 帧中继协议的配置与实现

1. 实验目的

通过帧中继协议方式互联 F2-R 和 Z-R 两台路由器,实现 IP 层互通。

2. 实验拓扑

帧中继协议互联配置拓扑如图 5-10 所示。

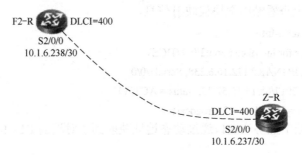

图 5-10 帧中继协议互联配置拓扑

3. 配置步骤

step1:设置路由器 F2-R 的端口 IP 及链路层协议。

[F2-R] **interface serial 2/0/0**
[F2-R-Serial2/0/0] **ip address 172.16.6.238　255.255.255.252**

[F2-R-Serial2/0/0] **link-protocol fr**
#配置端口封装类型为帧中继协议链路协议#

[F2-R-Serial2/0/0] **fr interface-type dte**
#配置端口类型为 DTE#

[F2-R-Serial2/0/0] **fr dlci 400**
#配置本地 DLCI 号#

[F2-R-fr-dlci-Serial2/0/0:0-400] **quit**
#如果对端路由器支持逆向地址解析功能，则配置动态地址映射，否则配置静态地址映射

[F2-R-Serial2/0/0] **fr inarp**
#配置动态地址映射#

[F2-R-Serial2/0/0] **fr map ip 172.16.6.237400**
#配置静态地址映射#

step2：设置路由器 Z-R 端口 IP 及链路层协议。

[Z-R] **interface serial 2/0/0**

[Z-R-Serial2/0/0] **ip address 172.16.6.237　255.255.255.252**

[Z-R-Serial2/0/0] **link-protocol fr**

[Z-R-Serial2/0/0] **fr interface-type dce**

[Z-R-Serial2/0/0] **fr dlci 400**
#配置本地 DLCI 号，如果对端路由器支持逆向地址解析功能，则配置动态地址映射，否则配置静态地址映射#

[Z-R-Serial1/0/0] **fr inarp**
#配置动态地址映射#

4．实验测试

在路由器 Z-R 上查看帧中继协议映射信息。

<Z-R>**dis fr map-info**
Map Statistics for interface Serial2/0/0 (DCE)
DLCI = 400, IP INARP 172.16.6.238, Serial1/0/0
create time = 2017/08/14 15:52:37, status = ACTIVE
encapsulation = ietf, vlink = 3, broadcast

以上信息表示帧中继协议端口通过动态地址映射到了对端的 DLCI，双方可以通信。

5.7　总结与习题

① 什么是 HDLC？
② HDLC 常用的操作方式有哪些？

③ HDLC 具有较高传输效率的原因是什么？
④ PPP 有几个协议组件？
⑤ LCP 协商的常用链路层参数有哪些？
⑥ PPP 有几种认证方式？都是如何实现的？
⑦ 帧中继协议的带宽控制参数有哪些？
⑧ 画出帧中继协议的帧结构，并说明每部分的含义。

第 6 章　虚拟专网 VPN 技术

6.1　MPLS

多协议标签交换（MPLS）是一种用于快速数据包交换和路由的体系，它为网络数据流量提供了目标、路由地址、转发和交换等能力。更特殊的是，它具有管理各种不同形式通信流的机制。

6.1.1　MPLS 概述

20 世纪 90 年代中期 IP 技术快速普及，但由于硬件技术存在限制，基于最长匹配算法的 IP 技术必须使用软件查找路由，转发性能低下，因此 IP 技术的转发性能成为当时限制网络发展的瓶颈。为了适应网络的发展，ATM（Asynchronous Transfer Mode）技术应运而生。ATM 采用定长标签（信元），只需要维护比路由表规模小得多的标签表，并能够提供比 IP 路由方式高得多的转发性能。然而，ATM 协议相对复杂，且 ATM 网络部署成本高，这使得 ATM 技术很难普及。传统的 IP 技术简单，且部署成本低。如何结合 IP 与 ATM 的优点成为当时热门话题。多协议标签交换技术 MPLS（MultiProtocol Label Switching）就是在这种背景下产生的。MPLS 最初是为了提高路由器的转发速度而提出的，与传统 IP 路由方式相比，它在数据转发时，只在网络边缘分析 IP 报文头，而不用在每一跳都分析，从而节约了处理时间。

随着 ASIC（Application Specific Integrated Circuit）技术的发展，路由查找速度已不再是阻碍网络发展的瓶颈。这使得 MPLS 在提高转发速度方面不再具备明显的优势。但是 MPLS 支持多层标签和转发平面面向连接的特性，使其在 VPN（Virtual Private Network）、流量工程、QoS（Quality of Service）等方面得到广泛应用。

MPLS 位于 TCP/IP 协议栈中的链路层和网络层之间，用于向 IP 层提供连接服务，同时又从链路层得到服务。MPLS 以标签交换替代 IP 转发。标签是一个短而定长的、只具有本地意义的连接标识符，与 ATM 的 VPI/VCI 及 Frame Relay 的 DLCI 类似。标签封装在链路层和网络层之间。

MPLS 不局限于任何特定的链路层协议，能够使用任意二层介质传输网络分组。

MPLS 起源于 IPv4（Internet Protocol version 4），其核心技术可扩展到多种网络协议，包括 IPv6（Internet Protocol version 6）、IPX（Internet Packet Exchange）、Appletalk、DECnet、CLNP（Connectionless Network Protocol）等。MPLS 中的"Multiprotocol"指的就是支持多种网络协议。

由此可见，MPLS 并不是一种业务或者应用，它实际上是一种隧道技术。这种技术不仅支持多种高层协议与业务，而且在一定程度上可以保证信息传输的安全性。

6.1.2 MPLS 结构

MPLS 网络模型如图 6-1 所示，MPLS 网络的基本组成单元为标签交换路由器 LSR（Label Switching Router），由 LSR 构成的网络区域称为 MPLS 域（MPLS Domain）。位于 MPLS 域边缘、连接其他网络的 LSR 称为边缘路由器 LER（Label Edge Router），区域内部的 LSR 称为核心 LSR（Core LSR）。如果一个 LSR 有一个或多个不运行 MPLS 的相邻节点，那么该 LSR 就是 LER。如果一个 LSR 的相邻节点都运行 MPLS，则该 LSR 就是核心 LSR。

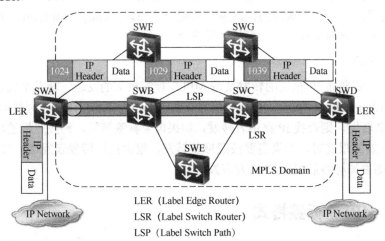

LER（Label Edge Router）
LSR（Label Switch Router）
LSP（Label Switch Path）

图 6-1 MPLS 网络模型

在 IP 网络内进行传统的 IP 转发，在 MPLS 域内进行标签转发。LER 和 LSR 都具有标签转发能力，只是由于两者所处的位置不同，对于报文的处理方式不同。LER 负责从 LSR 接收带标签的报文并去掉标签后转发到 IP 网络；LSR 只负责按照标签进行转发即可。报文在 MPLS 域内进行转发时经过的路径称为标签转发路径 LSP，这条路径是在转发报文之前就已经通过各种协议确定并建立的，报文会在特定的 LSP 上传递。

为了更好地理解 MPLS 技术，必须了解其体系结构，MPLS 的体系结构由控制平面（Control Plane）和转发平面（Forwarding Plane）组成，MPLS 结构如图 6-2 所示。

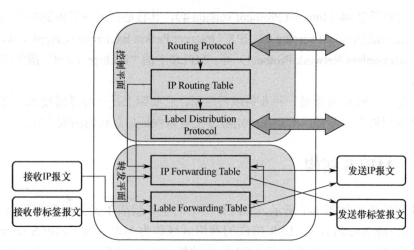

图 6-2 MPLS 结构

（1）控制平面

控制平面负责产生和维护路由信息及标签信息。控制平面中路由协议（Routing Protocol）模块用来传递路由信息，生成路由信息表；标签分发协议（Label Distribution Protocol）模块用来完成标签信息的交换，建立标签转发路径。

（2）转发平面

转发平面负责普通 IP 报文的转发及带 MPLS 标签报文的发送。转发平面包括 IP 转发表（IP Forwarding Table）和标签转发表（Lable Forwarding Table），当收到普通 IP 报文时，如果是普通 IP 转发，则查找 IP 路由表转发，如果需要标签转发，则按照标签转发表发送；当收到带有标签的报文时，如果需要按照标签转发，根据标签转发表发送，如果需要转发到 IP 网络，则去掉标签后根据 IP 转发表发送。

6.1.3 MPLS 标签格式

MPLS 标签是 MPLS 信息传递的载体，路由器之间通过标签的交互，完成在建立的标签转发路径上传输数据。

MPLS 有两种封装方式：帧模式和信元模式，这里只介绍 MPLS 帧模式，如图 6-3 所示。

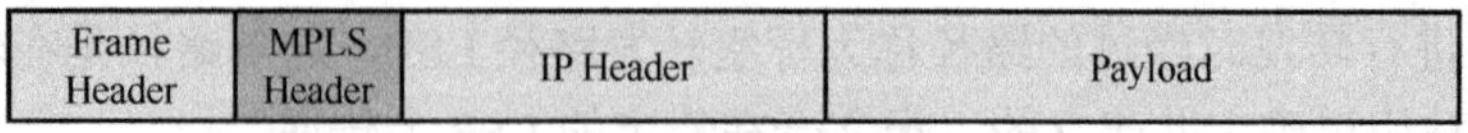

Frame Header	MPLS Header	IP Header	Payload

图 6-3 MPLS 帧模式

帧模式封装是直接在报文的二层头部和三层头部之间增加一个 MPLS 标签头。以太网、

PPP 采用这种封装模式。帧模式 MPLS 头部结构如图 6-4 所示。

图 6-4 帧模式 MPLS 头部结构

- MPLS Header 长度为 32 bit；
- LABEL：该标签用于报文转发，长度为 20 bit；
- EXP：通常用来承载 IP 报文中的优先级，长度为 3 bit；
- S：标识栈底用来表明是否为最后一个标签（MPLS 标签可以多层嵌套），长度为 1 bit；
- TTL：作用类似 IP 头部的 TTL，用来防止报文环路，长度为 8 bit。

如果使用 MPLS 嵌套方式，则需要用到 S 位进行标识，MPLS 标签嵌套如图 6-5 所示。

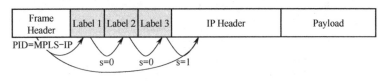

图 6-5 MPLS 标签嵌套

标签嵌套应用：MPLS 通常只为报文分配一个标签，但是在 MPLS 的高级应用中会使用多层标签。如 MPLS VPN 就会使用两个标签，外层标签用于公网转发，内层标签用来标识报文属于哪个 VPN。

6.1.4 MPLS 转发流程

MPLS 标签转发过程中会涉及两个基本概念 FEC 和 NHLFE。

1. FEC（Forwarding Equivalence Class）

转发等价类是一组具有某些共性的数据流集合。这些数据流在转发过程中被 LSR 以相同方式处理。FEC 可以根据地址、业务类型、QoS 等要素进行划分。例如，从传统的采用最长匹配算法的 IP 转发，到同一条路由的所有报文就是一个转发等价类。

2. NHLFE（Next Hop Label Forwarding Entry）

下一跳标签转发表在进行标签转发时用到，其中包括报文的下一跳；如何进行标签操作；可能还有一些其他信息，如发送报文使用的链路层封装等。

标签操作主要包括压入新的标签；弹出标签；用新的标签替换原有的标签。

MPLS 的转发过程如下。

① 在 Ingress 节点，通过查询 FIB 表和 NHLFE 表指导报文的转发。
② 在 Transit 节点，通过查询 ILM 表和 NHLFE 表指导 MPLS 报文的转发。

③ 在 Egress 节点，通过查询 ILM 表指导 MPLS 报文的转发。
- FIB（Forwarding Information Base）：转发信息库，基于 IP 路由表中信息，维护下一网络段的地址信息。
- ILM（Incoming Label Map）：入标签到一组下一跳标签转发表项的映射。在 Transit 节点中，ILM 将标签和 NHLFE 绑定，通过标签索引 ILM 表，就相当于使用目的 IP 地址查询 FIB 表，能够得到所有的标签转发信息。

在本例中，目的地址前缀为 10.2.0.0/24 的报文属于一个 FEC，该 FEC 分到的标签为 1030。Ingress LER 的 FEC 和 NHLFE 信息如图 6-6 所示。

```
<SWA>display  mpls lsp include 10.2.0.0 24 verbose
-----------------------------------------------------
              LSP Information: LDP LSP
-----------------------------------------------------
No                      : 1
VrfIndex                :
Fec                     : 10.2.0.0/24
Nexthop                 : 10.1.1.2
In-Label                : NULL
Out-Label               : 1030
In-Interface            : ----------
Out-Interface           : Vlanif1
LspIndex                : 10249
Token                   : 0x22005
LsrType                 : Ingress
Outgoing token          : 0x0
Label Operation         : PUSH
Mpls-Mtu                : 1500
TimeStamp               : 822sec
```

图 6-6 Ingress LER 的 FEC 和 NHLFE 信息

在本例中，属于 NHLFE 信息为下一跳 10.1.1.2，标签操作为压入标签 Label Operation：PUSH（Ingress LER PUSH 标签、LSR SWAP 标签、Egress LER POP 标签）。LSR 的 FEC 和 NHLFE 信息如图 6-7 所示，Egress LER 的 FEC 和 NHLFE 信息如图 6-8 所示。

```
<SWB>display mpls lsp include 10.2.0.0 24 in-label 1030 verbose
-----------------------------------------------------
              LSP Information: LDP LSP
-----------------------------------------------------
No                      : 1
VrfIndex                :
Fec                     : 10.2.0.0/24
Nexthop                 : 10.1.1.6
In-Label                : 1030
Out-Label               : 1030
In-Interface            : ----------
Out-Interface           : Vlanif2
LspIndex                : 10256
Token                   : 0x2200c
LsrType                 : Transit
Outgoing token          : 0x0
Label Operation         : SWAP
Mpls-Mtu                : 1500
TimeStamp               : 11100sec
```

图 6-7 LSR 的 FEC 和 NHLFE 信息

```
<SWD>display mpls lsp include 10.2.0.0 24 in-label 1032 verbose
------------------------------------------------------------
              LSP Information: LDP LSP
------------------------------------------------------------
No                  : 1
VrfIndex            :
Fec                 : 10.2.0.0/24
Nexthop             : 10.2.0.2
In-Label            : 1032
Out-Label           : NULL
In-Interface        : ----------
Out-Interface       : ----------
LspIndex            : 10258
Token               : 0x0
LsrType             : Egress
Outgoing token      : 0x0
Label Operation     : POP
Mpls-Mtu            : ------
TimeStamp           : 924sec
TimeStamp           : 40sec
```

图 6-8　Egress LER 的 FEC 和 NHLFE 信息

MPLS 标签转发如图 6-9 所示。在转发过程中，从 10.1.0.0/24 网络地址发出的报文要到达目的网络地址为 10.2.0.0/24，需要经过 SWA、SWB、SWC、SWD 四个设备，依次经历 PUSH、SWAP、POP 操作，到达 SWD 时，去掉标签再根据路由表转发 IP 报文到达 10.2.0.0/24。

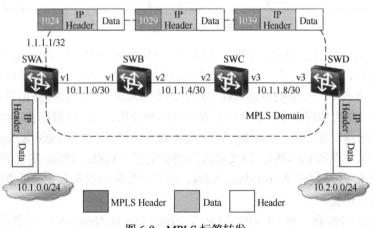

图 6-9　MPLS 标签转发

6.2　BGP MPLS VPN

6.2.1　MPLS VPN 概述

BGP MPLS VPN 是提供商 VPN 解决方案 PPVPN（Provider Provisioned VPN）中一种

基于 PE 的 L3 VPN 技术。

BGP MPLS VPN 内涵丰富，囊括许多复杂的应用，如跨域 VPN、运营商的运营商、分层 VPN 等。因此，使用基于 MPLS 的 IP 网络作为骨干网的 VPN（MPLS VPN）成为在 IP 网络运营商提供增值业务的重要手段，越来越被运营商看好。

本课程围绕 BGP MPLS VPN 基本组网（单域），介绍其基本工作原理。

在课程之前，先来了解一下 VPN 的分类，如图 6-10 所示。

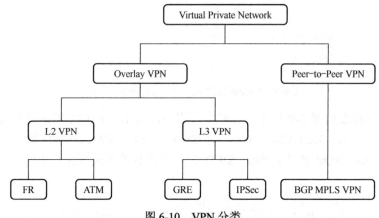

图 6-10　VPN 分类

按照路由信息的交换方式，VPN 可以分为 Overlay VPN 和 Peer-to-Peer VPN。在 Peer-to-Peer VPN 方式下，在用户路由器和服务提供商路由器之间交换用户路由信息；在 Overlay VPN 方式下，服务提供商只提供逻辑的专用通道，用户边缘路由器直接交换用户路由信息。在一些大型网络中，这两种方式可以结合使用。也可以根据在 VPN 上承载三层报文的底层技术进一步分类，Overlay VPN 还可以分为通过 FR（Frame Relay）和 ATM 等二层广域网技术实现的 L2 VPN，以及通过三层隧道技术 GRE、IPSec 实现的 L3 VPN。

BGP MPLS VPN 属于 Peer-to-Peer VPN。用户边界路由器和服务提供商边界路由器之间交换用户路由信息。

BGP MPLS VPN 是一种 L3 VPN（Lay 3 Virtual Private Network）。它使用 BGP 在服务提供商骨干网上发布 VPN 路由，使用 MPLS（MultiProtocol Label Switch）在服务提供商骨干网上转发 VPN 报文，BGP MPLS VPN 网络结构如图 6-11 所示。

BGP MPLS VPN 中的主要设备可以分为三种类型：CE、PE 和 P。

- CE（Customer Edge）：用户网络边缘设备，有接口直接与服务提供商 SP（Service Provider）网络相连。CE 可以是路由器或交换机，也可以是一台主机。通常情况下，CE "感知" 不到 VPN 的存在，CE 只需要运行普通的路由协议即可。

- PE（Provider Edge）：服务提供商边缘路由器，是服务提供商网络的边缘设备，与 CE 直接相连。PE 的功能比较复杂，不仅负责维护和处理 VPN 路由信息、私网标签信息，还负责将 VPN 私网报文正确转发。PE 不仅要运行路由协议，还需要运行

MP-BGP 协议和 MPLS 协议。
- P（Provider）：服务提供商网络中的骨干路由器，不与 CE 直接相连。P 设备只需要维护公网路由信息，进行基本 MPLS 转发，不需要维护 VPN 信息。

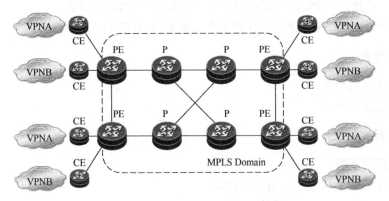

图 6-11　BGP MPLS VPN 网络结构

注：一台 PE 设备可以接入多台 CE 设备。一台 CE 设备也可以连接属于相同或不同服务提供商的多台 PE 设备。

6.2.2　BGP MPLS VPN 基本工作原理

BGP MPLS VPN 工作原理如图 6-12 所示。

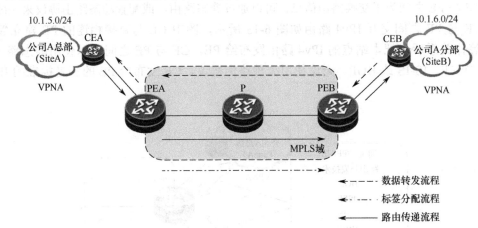

图 6-12　BGP MPLS VPN 工作原理

利用 BGP 在运营商骨干网上传播 VPN 的私网路由信息，用 MPLS 来转发 VPN 业务流。可以从路由信息发布、标签分发及 VPN 报文转发三个方面进行学习。

1. 路由信息发布

- 本地 CE 到入口 PE 路由信息的交换（图 6-12 中 CEA↔PEA）。
- 入口 PE 到出口 PE 路由信息的交换（图 6-12 中 PEA↔PEB）。
- 出口 PE 到出口 CE 路由信息的交换（图 6-12 中 CEB↔PEB）。

2. 标签分发

- 公网标签的分发。
- 私网标签的分发。

3. VPN 报文转发

- 封装两层标签。
- 外层标签用于报文在公网上的转发。
- 内层标签用于指示报文到达哪个 Site。

6.2.3 BGP MPLS VPN 路由传递

1. 本地 CE 到入口 PE 路由信息交换

（1）CE-PE 路由协议

CE 与 PE 之间为了交换路由信息，可以通过静态路由，或配置动态路由协议来完成。

CE 与 PE 之间交互 IPv4 路由如图 6-13 所示，图中 CE 与直接相连的 PE 建立邻居或对等体关系后，把本站点的 IPv4 路由发布给 PE。CE 与 PE 之间可以使用静态路由、RIP、OSPF、IS-IS 或 BGP。无论使用哪种路由协议，CE 发布给 PE 的都是标准的 IPv4 路由。

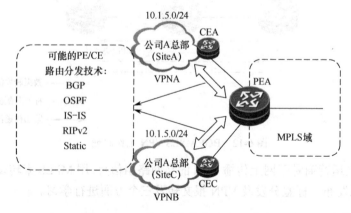

图 6-13　CE 与 PE 之间交互 IPv4 路由

（2）PE 对不同私网路由的区分——VPN Routing & Forwarding（VRF）

如果在 BGP MPLS VPN 网络中，PEA 连接的公司 A 总部和公司 B 总部使用相同的 IP 地址空间，PEA 同时需要接收这两个 CE 的路由，此时如何区分某条路由属于哪个 CE 呢？这里通过 VRF 创建不同的实例来区分不同公司相同的 IP 地址。

注：VRF——VPN 路由信息转发表也称为 VPN-Instance（VPN 实例），是 PE 为直接相连的 Site 建立并维护的一个专门实体，每个 Site 在 PE 上都有自己的 VPN-Instance，每个 VPN-Instance 包含了一个或多个与该 PE 直接相连的 CE 路由和转发表，另外如果要实现同一个 VPN 各个 Site 之间的互通，则该 VPN-Instance 还应该包含连接在其他 PE 上的属于该 VPN 的 Site 的路由信息。

PE 上维护若干独立的路由转发表，包括一个公网路由转发表，以及一个或多个 VRF。

- 公网路由表包含全部 PE 和 P 路由器的路由，由 VPN 的骨干网 IGP 产生。
- 每台 CE 与 PE 的连接对应一个 VPN-Instance。PE 上的各 VPN-Instance 之间相互独立，并与公网路由转发表相互独立，可以将每个 VPN-Instance 看作一台虚拟的路由器，即维护独立的地址空间、有连接到该路由器的接口。

PE 对私网路由的区分如图 6-14 所示。

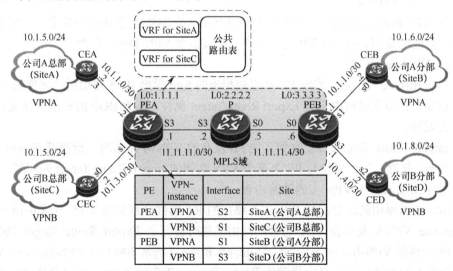

图 6-14　PE 对私网路由的区分

一个 PE 上的 VPN-Instance 可以与该 PE 的任何类型接口绑定在一起，如果直接相连的 Site 属于同一个 VPN，那么这些接口可以使用同一个 VPN-Instance。

2. 入口 PE 到出口 PE 路由信息交换

（1）入口 PE 间对私网路由的区分——Route Distinguisher（RD）

PE 间通过 BGP 传递路由信息，当 PEB 收到两条路由，且目的地址和子网掩码都相同时，BGP 将无法区分相同的 IP 地址前缀，从而导致去往另一个同样 IP 地址前缀的路由丢失。这里采用 RD 将普通的 IPv4 地址转变为 VPNv4 地址的方法来解决。

注：RD 是 PE 路由器从 CE 路由器获得各个 Site 的路由信息。这些路由信息中包含的是 IPv4 地址，PE 路由器给这些地址前面附加一个 RD。一个 VPN-Instance 有唯一的 RD。由于 RD 唯一，所以 VPNv4 构成的地址也就唯一。VPNv4 地址由 64bit 的 RD 加上 IPv4 地址构成，即 VPNv4 地址= Route Distinguisher + IPv4 地址。

（2）PE 间对私网路由的传递——MP-BGP

普通的 BGP 只能管理 IPv4 的路由信息，无法正确处理地址空间重叠的 VPN 的路由，即无法支持 VPNv4 的路由。为了正确处理 VPN 路由，MP-BGP 采用地址族（Address Family）来区分不同的网络层协议，既可以支持传统的 IPv4 地址族，也可以支持 VPNv4 地址。

注：MP-BGP（MultiProtocol Extensions for BGP-4）——用来在 PE 路由器之间传递 VPN 组成信息和路由。

（3）出口 PE 对私网路由的区分——Route Target（RT）

路由信息从 PEA 传递到 PEB 后，PEB 需要将这些路由信息发布到对应的 VPN，此时采用 RT 来达到该目的。

注 1：RT（Route Target）——也称 VPN Target，是 BGP 扩展团体属性之一，用于控制 VPN 路由信息的发布。每个 VPN 实例关联一个或多个 VPN Target 属性。

注 2：VPN Target 属性。

- ExportRoute Target：本地 PE 从直接相连的 Site 学到 IPv4 路由后，转换为 VPNv4 路由，并为这些路由设置 Export Route Target 属性，作为 BGP 的扩展团体属性随路由发布。
- Import Route Target：PE 收到其他 PE 发布的 VPNv4 路由时，检查其 Export Route Target 属性。当此属性与 PE 上某个 VPN 实例的 Import Route Target 匹配时，PE 就把路由加入到该 VPN 实例的路由表。

多 Site 注入路由的区分和多 Site 注入路由的 RT 属性分别如图 6-15 与图 6-16 所示，VPN-Instance VPNA 发布公司 A 总部的路由信息时会打上 Export Route Target 100:1 和 300:1，PEA 判断 VPN-Instance VPNC 的 Import Route Target 300:1 和 VPN-Instance VPNA 发布的公司 A 总部的路由信息中携带的 Route Target（300:1）匹配，所以会将该路由信息注入 VPN-Instance VPNC 中，而 VPN-Instance VPNB 的 Import Route Target 200:1 和 VPN-Instance VPNA 发布的公司 A 总部的路由信息中携带的 Route Target（300:1）不匹配，所以不会将该路由信息注入 VPN-Instance VPNB 中。

当一个 VPN-Instance 发布路由时，会给每条路由打上一个或多个 Export Route Target 标记，路由器根据每个 VRF 配置的 RT 的 Import Route Target 进行检查，如果其中配置的任意一个 Import Route Target 与路由中携带的任意一个 Route Target 匹配，则将该路由加入到相应的 VRF 中。

第 6 章 虚拟专网 VPN 技术

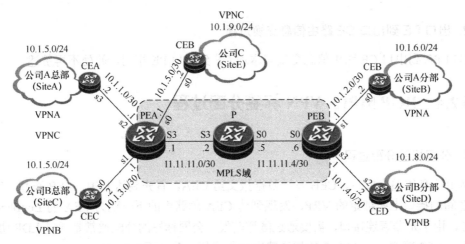

图 6-15 多 Site 注入路由的区分

PE (服务提供商 边缘路由器)	VPN- Instance (VPN实例)	Export Route Target (出口路由标记)	Import Route Target (入口路由标记)
PEA	VPNA	100:1 300:1	100:1 300:1
	VPNB	200:1	200:1
	VPNC	300:1	300:1
PEB	VPNA	100:1	100:1
	VPNB	200:1	200:1

图 6-16 多 Site 注入路由的 RT 属性

（4）入口 PE 到出口 PE 路由信息交换过程

① PEA 对私网路由的处理。

步骤	描 述
1	PE 从 CE 接收到 IPv4 路由后，加上相应 VRF 的 RD（手动配置），使其成为一条 VPNv4 路由
2	在路由通告中更改下一跳属性为自己（通常为自己的 Loopback 地址）
3	为该路由加上私网标签（该标签由 MP-IBGP 协议分配）
4	加上 Export RT 属性

② PEB 对私网路由的处理。

步骤	描 述
1	根据本地 VRF 的 Import RT 属性，对比收到的私网路由的 Export RT 属性，将路由加入相应的 VRF 中，保留私网标签，留作转发时使用
2	PEB 收到发送端 PEA 发布的路由后，去掉 VPNv4 的 RD 将 VPNv4 路由变为 IPv4 路由
3	PE 通过 PE、CE 之间的路由协议将 IPv4 路由信息发布给相应的 CE

3. 出口 PE 到出口 CE 路由信息交换过程

出口 PE 到出口 CE 路由信息交换与本地 CE 到入口 PE 相同，此处不再赘述。

6.2.4　BGP MPLS VPN 标签分配过程

1. 公网标签分配过程

路由信息传递完成后，CEB 发送数据报文给 CEA，首先到达 PEB，PEB 查找 CEB 与 PEB 之间的接口上所绑定的 VRF，发现到达 CEA 的路由的下一跳为 PEA 的 Loopback 接口地址，由于是非直连接口，需要通过隧道转发。公网标签的分配通常是通过 LDP 协议分配，建立 LSP 隧道，与 MPLS 的隧道建立过程类似，此处不再赘述。

2. 私网标签分配过程

PEA 要转发私网 IP 数据包到正确的 CE，需要通过私网标签来区分 PEA 上所连接不同的 VPN。私网标签由 MP-BGP 分配，且随私网路由一起从入口 PE 传递给出口 PE。

6.2.5　BGP MPLS VPN 数据转发过程

BGP MPLS VPN 数据转发过程如图 6-17 所示。

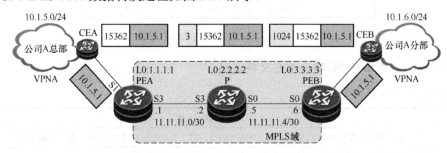

图 6-17　BGP MPLS VPN 数据转发过程

在 BGP MPLS VPN 网络中，数据在 PE 与 CE 之间为路由转发，在 PE 之间为隧道转发。转发步骤如下：

① 公司 A 分部（CEB）发出一个 IP 报文，目的地址为公司 A 总部（CEA），CEB 查找 IP 路由表，下一跳为 PEB。

② PEB 收到 CEB 发来的报文后，查看 PEB 和 CEB 接口所绑定的 VRF，在这个 VRF 中找到去往 CEA 的路由，封装该路由所对应的私网标签（15362）。查找到下一跳为 PEA 的 Loopback 地址，而要到达 PEA 的 Loopback 地址需要通过公网隧道转发，所以再根据公网隧道的标签转发表给该数据报文再封装一层外层标签（1024）。

③ 当 P 收到后，根据外层标签转发，因为 P 是倒数第二跳，所以弹出外层标签，保留内层标签（15362），发送给 PEA。

④ PEA 收到后根据内层标签判断该报文属于 VPNA，到 VPNA 的 VRF 中查找路由，找到正确的下一跳 CE，然后 PEA 去掉私网标签，将 IP 报文转发给公司 A 总部。

6.3 实训　BGP MPLS VPN 配置

1. 实验目的

熟悉掌握 BGP MPLS VPN 基本配置与原理；熟悉 BGP MPLS VPN 的调试，掌握 BGP MPLS VPN 的一般故障处理。

2. 实验拓扑

BGP MPLS VPN 拓扑如图 6-18 所示。

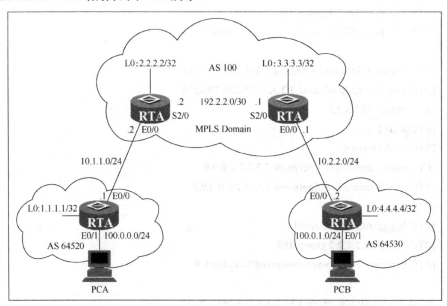

图 6-18　BGP MPLS VPN 拓扑

3. 配置步骤

step1：基本配置。

基本配置包括接口配置与路由协议的配置：CE 与 PE 之间运行 BGP，PE 之间配置 OSPF 作为 IGP。

```
[RTA-Ethernet0/0]ip address 10.1.1.1 255.255.255.0
[RTA-Ethernet0/1]ip address 100.0.0.1 255.255.255.0
[RTA]bgp 64520
[RTA-bgp]group 100 external
[RTA-bgp]peer 10.1.1.2 group 100 as-number 100
[RTA-bgp]network 100.0.0.0 255.255.255.0


[RTB-Serial2/0]ip address 192.2.2.2 255.255.255.252
[RTB-LoopBack0]ip address 2.2.2.2 255.255.255.255
[RTB]router id 2.2.2.2
[RTB]ospf 1
[RTB-ospf-1]area 0
[RTB-ospf-1-area-0.0.0.0]network 2.2.2.2 0.0.0.0
[RTB-ospf-1-area-0.0.0.0]network 192.2.2.0 0.0.0.3
[RTB]bgp 100
[RTB-bgp]group 100 internal
[RTB-bgp]peer 3.3.3.3 group 100
[RTB-bgp]peer 100 connect-interface LoopBack 0


[RTC-Serial2/0]ip address 192.2.2.1 255.255.255.252
[RTC-LoopBack0]ip address 3.3.3.3 255.255.255.255
[RTC]router id 3.3.3.3
[RTC]ospf 1
[RTC-ospf-1]area 0
[RTC-ospf-1-area-0.0.0.0]network 3.3.3.3 0.0.0.0
[RTC-ospf-1-area-0.0.0.0]network 192.2.2.0 0.0.0.3
[RTC]bgp 100
[RTC-bgp]group 100 internal
[RTC-bgp]peer 2.2.2.2 group 100
[RTC-bgp]peer 100 connect-interface Loopback 0


[RTD-Ethernet0/0]ip address 10.2.2.2 255.255.255.0
[RTD-Ethernet0/1]ip address 100.0.1.1 255.255.255.0
[RTD-LoopBack0]ip address 4.4.4.4 255.255.255.255
[RTD]bgp 64530
[RTD-bgp]group 100 external
[RTD-bgp]peer 10.2.2.1 group 100 as-number 100
[RTD-bgp]import-route direct
```

step2：配置 MPLS。
PE 之间配置 MPLS。

  [RTB]**mpls lsr-id 2.2.2.2**
  [RTB]**mpls**
  [RTB-mpls]**lsp-trigger all**
  [RTB]**mpls ldp**
  [RTB-Serial2/0]**mpls**
  [RTB-Serial2/0]**mpls ldp enable**

  [RTC]**mpls lsr-id 3.3.3.3**
  [RTC]**mpls**
  [RTC-mpls]**lsp-trigger all**
  [RTC]**mpls ldp**
  [RTC-Serial2/0]**mpls**
  [RTC-Serial2/0]**mpls ldp enable**

step3：配置 BGP MPLS VPN。
BGP MPLS VPN 包括配置 VPN-Instance、MP-BGP。
① 配置 VPN-Instance。

  [RTB]**ip vpn-instance Huawei**
  [RTB-vpn-huawei]**route-distinguisher 100:1**
  [RTB-vpn-huawei]**vpn-target 100:1 both**
  [RTB-Ethernet0/0]**ip binding vpn-instance Huawei**
  [RTB-Ethernet0/0]**ip address 10.1.1.2 255.255.255.0**

  [RTC]**ip vpn-instance Huawei**
  [RTC-vpn-huawei]**route-distinguisher 100:1**
  [RTC-vpn-huawei]**vpn-target 100:1 both**
  [RTC-Ethernet0/0]**ip binding vpn-instance Huawei**
  [RTC-Ethernet0/0]**ip address 10.2.2.1 255.255.255.0**

注意：VPN-Instance 与接口绑定后，需重新配置 IP 地址。
② 配置 PE-PE MP-BGP。

  [RTB-bgp]**ipv4-family vpnv4**
  [RTB-bgp-af-vpn]**peer 100 enable**
  [RTB-bgp-af-vpn]**peer 3.3.3.3 group 100**

  [RTC-bgp]**ipv4-family vpnv4**
  [RTC-bgp-af-vpn]**peer 100 enable**
  [RTC-bgp-af-vpn]**peer 2.2.2.2 group 100**

③ 配置 PE-CE。

    [RTB-bgp]**ipv4-family vpn-instance Huawei**
    [RTB-bgp-af-vpn-instance]**group 64520 external**
    [RTB-bgp-af-vpn-instance]**peer 10.1.1.1 group 64520 as-number 64520**
    [RTB-bgp-af-vpn-instance]**import-route direct**

    [RTC-bgp]**ipv4-family vpn-instance Huawei**
    [RTC-bgp-af-vpn-instance]**group 64530 external**
    [RTC-bgp-af-vpn-instance]**peer 10.2.2.2 group 64530 as-number 64530**
    [RTC-bgp-af-vpn-instance]**import-route direct**

4. 实验测试

CE 与 PE 之间 BGP 的邻居关系是否建立。

    <RTA>**display bgp peer**

Peer	AS-num	Ver	Queued-Tx	Msg-Rx	Msg-Tx	Up/Down	State
10.1.1.2	100	4	0	26	24	00:21:24	Established

Established 表示 CE 和 PE 的 BGP 邻居关系已经建立。

PE 与 PE 间的 IGP 路由是否正常

    <RTB>**display ip routing-table**
    Routing Tables: public net

Destination/Mask	Protocol	Pre	Cost	Nexthop	Interface
2.2.2.2/32	DIRECT	0	0	127.0.0.1	InLoopBack0
3.3.3.3/32	OSPF	10	1563	192.2.2.1	Serial2/0
127.0.0.0/8	DIRECT	0	0	127.0.0.1	InLoopBack0
127.0.0.1/32	DIRECT	0	0	127.0.0.1	InLoopBack0
192.2.2.0/30	DIRECT	0	0	192.2.2.2	Serial2/0
192.2.2.1/32	DIRECT	0	0	192.2.2.1	Serial2/0
192.2.2.2/32	DIRECT	0	0	127.0.0.1	InLoopBack0

PE 与 PE 间 BGP 的邻居关系是否建立。

    <RTB>**display bgp peer**

Peer	AS-num	Ver	Queued-Tx	Msg-Rx	Msg-Tx	Up/Down	State
3.3.3.3	100	4	0	33	33	00:30:11	Established

查看到 MPLS 标签是否分配，LSP 是否建立。

    <RTB>**display mpls lsp**

                     LSP Information: Ldp Lsp

```
-----------------------------------------------------------
TOTAL:    2 Record(s) Found.
NO    FEC            NEXTHOP       I/O-LABEL     OUT-INTERFACE
1     3.3.3.3/32     192.2.2.1     -----/3       S2/0
2     2.2.2.2/32     127.0.0.1     3/-----       
```

PE 与 PE 间 MP-BGP 的邻居关系是否建立。

```
<RTB>display bgp vpnv4 all peer
Peer          AS-num   Ver   Queued-Tx   Msg-Rx   Msg-Tx   Up/Down    State
-----------------------------------------------------------
3.3.3.3       100      4     0           2        4        00:31:59   Established
10.1.1.1      64520    4     0           29       34       00:28:09   Established
```

查看私网的路由表。

```
<RTA>display ip routing-table
 Routing Table: public net
Destination/Mask    Protocol    Pre    Cost    Nexthop       Interface
1.1.1.1/32          DIRECT      0      0       127.0.0.1     InLoopBack0
4.4.4.4/32          BGP         256    0       10.1.1.2      Ethernet0/0
10.1.1.0/24         DIRECT      0      0       10.1.1.1      Ethernet0/0
10.1.1.1/32         DIRECT      0      0       127.0.0.1     InLoopBack0
10.2.2.0/24         BGP         256    0       10.1.1.2      Ethernet0/0
100.0.0.0/24        DIRECT      0      0       100.0.0.1     Ethernet0/1
100.0.0.1/32        DIRECT      0      0       127.0.0.1     InLoopBack0
100.0.1.0/24        BGP         256    0       10.1.1.2      Ethernet0/0
127.0.0.0/8         DIRECT      0      0       127.0.0.1     InLoopBack0
127.0.0.1/32        DIRECT      0      0       127.0.0.1     InLoopBack0
```

从本端的 CE 上能够学习到全网的私网路由，包括远端的 CE，不能学习到公网路由。

```
<RTB>display ip routing-table vpn-instance Huawei
 Huawei    Route Information
 Routing Table: Huawei    Route-Distinguisher:    100:1
Destination/Mask    Protocol    Pre    Cost    Nexthop       Interface
1.1.1.1/32          BGP         256    0       10.1.1.1      Ethernet0/0
4.4.4.4/32          BGP         256    0       3.3.3.3       InLoopBack0
10.1.1.0/24         DIRECT      0      0       10.1.1.2      Ethernet0/0
10.1.1.2/32         DIRECT      0      0       127.0.0.1     InLoopBack0
10.2.2.0/24         BGP         256    0       3.3.3.3       InLoopBack0
100.0.0.0/24        BGP         256    0       10.1.1.1      Ethernet0/0
100.0.1.0/24        BGP         256    0       3.3.3.3       InLoopBack0
```

正常情况下，RTB 作为 PE，能够学习到 VPN-Instance HUAWEI 中全部的私网路由。

从 PCA ping 通到 PCB。

```
C:\Documents and Settings\user>ping 100.0.1.2

Pinging 100.0.1.2 with 32 bytes of data:
Reply from 100.0.1.2: bytes=32 time=42ms TTL=124
Reply from 100.0.1.2: bytes=32 time=24ms TTL=124
Reply from 100.0.1.2: bytes=32 time=24ms TTL=124
Reply from 100.0.1.2: bytes=32 time=25ms TTL=124
Ping statistics for 100.0.1.2:
    Packets: Sent = 4, Received = 4, Lost = 0 (0% loss),
Approximate round trip times in milli-seconds:
    Minimum = 24ms, Maximum = 42ms, Average = 28ms
```

从 RTA 上 Tracert 目标主机 PCB。

```
<RTA>tracert 100.0.1.2
traceroute to   100.0.1.2(100.0.1.2) 30 hops max,40 bytes packet
 1   10.1.1.2    10 ms    2 ms     2 ms
 2   10.2.2.1    30 ms    21 ms    21 ms
 3   10.2.2.2    30 ms    22 ms    21 ms
 4   100.0.1.2   30 ms    22 ms    22 ms
```

可以看到在 VPN 私网中的每一跳。

6.4 总结与习题

① MPLS 是根据什么完成数据转发的？
② MPLS 中如何分配标签？
③ 简述 BGP MPLS VPN 的基本工作过程。
④ BGP MPLS VPN 中 PE 如何区分多个不同 Site 发来的路由？
⑤ BGP MPLS VPN 中 PE 如何传递相同地址空间的路由？
⑥ BGP MPLS VPN 中 PE 如何区分从对端 PE 发来的路由并分发给相应的 Site？

第7章 项目综合分析

7.1 项目需求

本章以图 7-1 为实例,将此项目划分为六个任务,每个任务完成主拓扑图的一部分,最终将各任务整合在一起,完成整体项目要求。

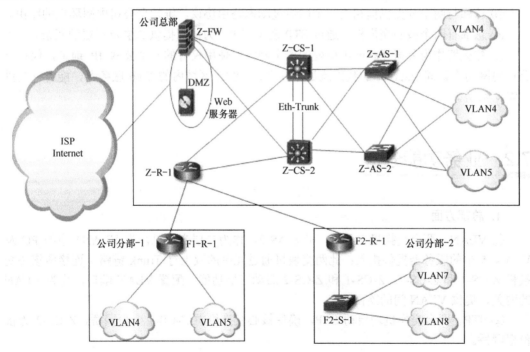

图 7-1 某公司全网拓扑图

某公司全网分为三部分,即公司总部、公司分部-1 和公司分部-2,项目的总体目标是实现整个公司内的主机网络互通,并且使公司内用户能够访问 Internet。

总部共有十台设备,分别为路由器(Z-R-1)、两台核心交换机(Z-CS-1 和 Z-CS-2)、两台二层交换机(Z-AS-1 和 Z-AS-2)、一台防火墙(Z-FW)、一台 Web 服务器和三台主机。

两个分支机构的拓扑比较简单,均包含一台路由器和一个二层交换机。项目设备类型及版本如表 7-1 所示。

表 7-1 项目设备类型及版本

设 备 类 型	设 备 型 号
路由器	AR2200 Series AR1200 Series
交换机	Quidway S3300 Series Quidway S2300 Series
防火墙	Eudemon 200E

项目需求如下。

① 全网利用 172.16.4.0/22 网段合理配置 IP 地址。
② 总部、两个分支机构内部不同部门之间通过 VLAN 实现隔离。
③ 总部与两个分支机构相连，全网通过动态路由协议，维护全公司内网环境的路由。
④ 总部有两个核心交换机，通过 STP 及 VRRP，为内网提供二层及三层的冗余。
⑤ 防火墙作为公司互联网出口处的安全网关，使用仅有的一个公网 IP 地址，保护全公司内网用户访问 Internet 的数据流量，并保证 DMZ 区域内的 Web 服务器，能对外提供 WWW 服务。

7.2 业务功能分析

1. 总部方面

① VLAN。两台交换机 Z-AS-1 和 Z-AS-2，作为二层交换机，为 VLAN4 中的 PC 及 VLAN 5 中的服务器提供接入；此两交换机通过冗余的双上行 Trunk 链路，连接两核心交换机 Z-CS-1 和 Z-CS-2。Z-CS-1 和 Z-CS-2 启动三层功能，配置 VLAN 端口，作为 VLAN 的网关，提供 VLAN 间的路由。

② STP。四台交换机均启动 STP，确保核心交换机中 Z-CS-1 为根网桥，Z-CS-2 为备份根网桥。

③ VRRP。两核心交换机启动 VRRP，Z-CS-1 为 VLAN4、VLAN5、VLAN200 的主设备，Z-CS-2 为备份。

④ 防火墙。FW 分为三个区域：Internal、External 和 DMZ，DMZ 中有一个 Web 服务器。FW 上只运行静态路由，并且由于全公司只有一个公网 IP 可供端口复用，需要保证来自 Internet 的访客可以访问到 Web 服务器，同时全公司所有区域的内网用户需要通过同一个 IP 访问到 Internet。

⑤ DHCP。总部主机通过 DHCP 服务器获得 IP 地址。

2. 分支机构

① VLAN。两个分支机构各划分两个 VLAN，并实现 VLAN 间通信。

② 网络互联。Z-R、Z-CS-1 和 Z-CS-2 运行 OSPF 协议，在骨干区域 Area0 中，Z-R 为 ABR 连接两个分公司，Z-CS-1 作为 ASBR，配置静态默认路由指向 FW，并发布默认路由到所有的 OSPF 区域中。

7.3 任务分解

① 合理规划 IP 地址，填写端口列表，配置 IP 地址。
② 总部两台核心交换机之间实现链路聚合。
③ 总部交换机启动 STP，实现二层冗余，Z-CS-1 为根网桥，Z-CS-2 为备份根网桥。
④ 总部两台核心交换机启动 VRRP，Z-CS-1 为 VLAN 4、VLAN 5、VLAN 200 的主设备，Z-CS-2 为备份。
⑤ 合理划分总部和各分支机构的 VLAN。公司分部-1 中 VLAN 之间以三层交换方式互通。公司分部-2 中 VLAN 之间以单臂路由方式互通。
⑥ Z-R、Z-CS-1 和 Z-CS-2 运行 OSPF 协议，在骨干区域 Area0 中，Z-R 为 ABR 连接两分支机构。Z-CS-1 作为 ASBR，配置静态默认路由指向 FW，并发布默认路由到所有的 OSPF 区域中。
⑦ 防火墙上合理配置静态路由。
⑧ 防火墙上启动 NAT，利用唯一的公网 IP 提供端口复用，保证全公司内网用户可通过一个 IP 访问 Internet。防火墙上配置 NAT Server，保证来自 Internet 的访客可以访问到 Web 服务器。
⑨ 全网内主机都可通过 DHCP 获得 IP 地址。

7.4 网络基础部分项目实现

7.4.1 网络地址规划

1. 任务目标

在 IP 网络中，为了确保 IP 数据报的正确传输，必须为网络中的每一台主机分配一个全局唯一的 IP 地址。因此,在组建一个 IP 网络之前先要考虑 IP 地址的规划。本次任务的目标是合理规划 IP 地址。在分配地址前设计结构化的地址模块;预留空间,以便今后的发展;IP 地址规划应以表格方式记录下来,以便实施。

2. 任务实施步骤

该公司获得的 IP 地址为 172.16.4.0/22。把这个网络地址划分成了 N 个大小不等的子网,用于满足网络的需求。

① 首先将 172.16.4.0/22 等分为两个子网,其中一个子网划分给 Z-VLAN4,另一个子网继续拆分,如图 7-2 所示。

172.16.4.0/23 (Z-VLAN4)	剩余部分 172.16.6.0/23

图 7-2 IP 规划图-1

② 将 172.16.6.0/23 等分为 2 个子网,其中 172.16.6.0/24 划分给总部除 VLAN4 部分,另一个子网 172.16.7.0/24 划分给分部,并继续拆分,如图 7-3 所示。

172.16.4.0/23 (Z-VLAN4)	Z(除 VLAN4 的以外部分) 172.16.6.0/24
	172.16.7.0/24 (公司分部-1 和公司分部-2)

图 7-3 IP 规划图-2

③ 172.16.6.0/24 等分为 4 个子网,其中 172.16.6.0/26 划分给 VLAN5,172.16.6.64/26 划分给 DMZ 区域,172.16.6.128/26 预留,172.16.6.192/26 划分给 NM 和 Link,如图 7-4 所示。

172.16.4.0/23 (Z-VLAN4)	172.16.6.0/26(Vlan5)	172.16.6.64/26(DMZ 区域)
	172.16.6.128/26(预留)	172.16.6.192/26(NM、Link)
	172.16.7.0/24 (公司分部-1 和公司分部-2)	

图 7-4 IP 规划图-3

④ 将 172.16.7.0/24 等分为两个子网,其中 172.16.7.0/25 分配给公司分部-1,172.16.7.128/25 分配给公司分部-2,如图 7-5 所示。

172.16.4.0/23 (Z-VLAN4)	172.16.6.0/26(VLAN5)	172.16.6.64/26(DMZ 区域)
	172.16.6.128/26(预留)	172.16.6.192/26(NM、Link)
	172.16.7.0/25 (公司分部-1)	172.16.7.128/25 (公司分部-2)

图 7-5 IP 规划图-4

第 7 章 项目综合分析

⑤ 然后针对各个分部，进行详细子网划分。

端口 IP 地址规划记录如表 7-2 所示，网关规划记录如表 7-3 所示。

表 7-2 端口 IP 地址规划记录

设备	端口	描述	IP	对端设备	对端端口
F1-R	(E0/0/1)Vlanif4	To VLAN4	172.16.7.1/26	PC	
	(E0/0/2)Vlanif9	To VLAN9	172.16.7.65/27	PC	
	GE0/0/1	To Z-R	172.16.6.234/30	Z-R	S1/0/0
	LoopBack0	测试端口	172.16.6.212/32		
F2-AS-1	E0/0/1	VLAN7	二层 ACCESS 口	PC	
	E0/0/24	To F2-R	二层 Trunk 端口	F2-R	E0/1
	E0/0/2	VLAN9	二层 ACCESS 口	PC	
F2-R	GE0/0/0.7	To F2-AS-1	172.16.7.129/27	F2-AS-1	E0/0/24
	GE0/0/0.9	To F2-AS-1	172.16.7.193/26	F2-AS-1	E0/0/24
	GE0/0/1	To Z-R	172.16.6.238/30	Z-R	S2/0/0
	LoopBack0	测试端口	172.16.6.213/32		
Z-R	GE0/0/3	To F1-R	172.16.6.233/30	F1-R	S1/0/0
	GE0/0/4	To F2-R	172.16.6.237/30	F2-R	S2/0/0
	GE0/0/0	To Z-CS-1	172.16.6.226/30	Z-CS-1	E0/0/1(Vlanif101)
	GE0/0/1	To Z-CS-2	172.16.6.230/30	Z-CS-2	E0/0/1(Vlanif102)
	LoopBack0	测试端口	172.16.6.211/32		
Z-CS-1	E0/0/1(Vlanif101)	To Z-R	172.16.6.225/30	Z-R	GE0/0/0
	Vlanif100	To Z-CS-2	172.16.6.245/30	Z-CS-2	Vlanif100
	E0/0/23	To Z-CS-2	二层 Trunk 端口	Z-CS-2	E0/0/23
	E0/0/24	To Z-CS-2	二层 Trunk 端口	Z-CS-2	E0/0/24
	E0/0/9	To Z-AS-1	二层 Trunk 端口	Z-AS-1	E0/0/23
	E0/0/10	To Z-AS-2	二层 Trunk 端口	Z-AS-2	E0/0/23
	Vlanif4	VLAN4	172.16.4.2/23		
	Vlanif5	VLAN5	172.16.6.2/26		
	Vlanif200	NM	172.16.6.194/28		
	E0/0/18(Vlanif103)	To Z-FW-1	172.16.6.241/30	Z-FW-1	E1/0/1
	LoopBack0	测试端口	172.16.6.209/32		
Z-CS-2	E0/0/1(Vlanif102)	To Z-R	172.16.6.229/30	Z-R	GE0/0/1
	Vlanif100	To Z-CS-1	172.16.6.246/30	Z-CS-1	Vlanif100
	E0/0/23	To Z-CS-1	二层 Trunk 端口	Z-CS-1	E0/0/23
	E0/0/24	To Z-CS-1	二层 Trunk 端口	Z-CS-1	E0/0/24
	E0/0/10	To Z-AS-2	二层 Trunk 端口	Z-AS-2	E0/0/24
	E0/0/9	To Z-AS-1	二层 Trunk 端口	Z-AS-1	E0/0/24

续表

设 备	端 口	描 述	IP	对端设备	对 端 端 口
Z-CS-2	Vlanif4	VLAN4	172.16.4.3/23		
	Vlanif5	VLAN5	172.16.6.3/26		
	Vlanif200	NM	172.16.6.193/28		
	LoopBack0	测试端口	172.16.6.210/32		
Z-FW-1	Vlanif2(E1/0/1)	Trust	172.16.6.242/30	Z-CS-1	E0/0/18(Vlanif103)
	Vlanif1 (E1/0/0)	DMZ	172.16.6.65/26	Web-Server	
	Vlanif3 (E1/0/2)	Untrust	200.200.172.16/28	Internet	
Z-AS-1	E0/0/1	VLAN4	二层 ACCESS 口	PC	
	E0/0/23	To Z-CS-1	二层 Trunk 端口	Z-CS-1	E0/0/9
	E0/0/24	To Z-CS-2	二层 Trunk 端口	Z-CS-2	E0/0/9
	Vlanif200	NM	172.16.6.196/28		
Z-AS-2	E0/0/1	VLAN 4	二层 Access 口	PC	
	E0/0/2	VLAN5	二层 Access 口	PC	
	E0/0/23	To Z-CS-1	二层 Trunk 端口	Z-CS-1	E0/0/10
	E0/0/24	To Z-CS-2	二层 Trunk 端口	Z-CS-2	E0/0/10
	Vlanif200	NM	172.16.6.197/28		

表 7-3 网关规划记录

主机所在地	所 在 网 段	网 关
Z VLAN4	172.16.4.0/23	172.16.4.1
公司分部-1 VLAN4	172.16.7.0/26	172.16.7.1
公司分部-1 VLAN9	172.16.7.64/27	172.16.7.65
公司分部-1 VLAN7	172.16.7.128/27	172.16.7.129
公司分部-1 VLAN9	172.16.7.192/26	172.16.7.193

7.4.2 网络设备基本配置

1. 任务目标

在终端上通过串口与网络设备 Console 口连接，实现终端对设备的直接控制。在完成连接后，输入交换机的配置命令，熟悉交换机的操作界面及各基本命令的功能。

2. 任务拓扑图

本次任务的连接拓扑如图 7-6 所示。

3. 任务流程

本次任务流程如图 7-7 所示。

图 7-6　连接拓扑　　　　　图 7-7　任务流程

4. 任务步骤

（1）按拓扑完成终端和设备之间的连接

用 DB9 或 DF25 端口的 RS232 串口线连接终端，用 RJ45 端口连接路由器的 Console 口。如果终端（如笔记本电脑没有串口）可以使用转换器把 USB 转串口使用。

（2）配置终端软件

在 PC 上可以使用 Windows 2000/XP 自带的 HyperTerminal（超级终端）软件，也可以使用其他软件，如 SecureCRT。

首先介绍 Windows 操作系统提供的超级终端工具的配置。

① 选择系统的"开始"→"程序"→"附件"→"通信"→"超级终端"，进行超级终端连接。

② 当出现如图 7-8 所示时，按要求输入有关的位置信息：国家/地区、地区（或城市）号码和用来拨外线的电话号码。

③ 弹出"连接描述"对话框时，为新建的连接输入名称并为该连接选择图标，如图 7-9 所示。

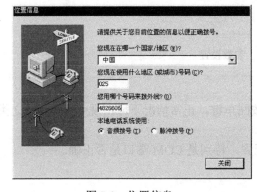

图 7-8　位置信息　　　　　图 7-9　新建连接

④ 根据配置线所连接的串行口，选择连接串行口为 COM1（依实际情况选择 PC 所使用的串口），连接配置资料如图 7-10 所示。

⑤ 设置所选串口的端口属性。端口属性的设置主要包括以下内容：每秒位数为"9600"、数据位为"8"、奇偶校验为"无"、停止位为"1"、数据流控制为"无"，如图 7-11 所示。

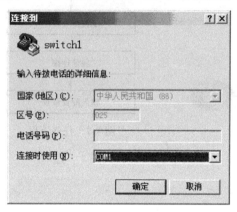
图 7-10 "连接到"配置资料

图 7-11 COM1 属性设置

如果使用 SecureCRT 软件进行配置，连接步骤如下：

运行 SecureCRT 软件，文件菜单单击"快速连接"按钮，选择协议为"Serial"，设置参数，如图 7-12 所示。

图 7-12 参数设置

（3）检查连接是否正常

软件配置完毕单击"connect"按钮并按回车键，正常情况下应出现<Quidway>之类的命令提示符。

如果没有任何反应，请检查软件参数配置，特别是 COM 端口是否正确。

（4）常用配置命令

配置数据设备的常用命令如表 7-4 所示，观察配置结果。

表7-4 常用命令

命令行示例	功能
<Quidway>system-view [Quidway]	进入系统视图
[Quidway]quit <Quidway>	返回上级视图
[Quidway-Ethernet0/0/1]return <Quidway>	返回用户视图
[Quidway]sysname SWITCH [SWITCH]	更改设备名
[Quidway]display version	查看系统版本
<Quidway>display clock 2008-01-03 00:42:37 Thursday Time Zone(DefaultZoneName) : UTC	查看系统时钟
<Quidway>clock datetime 11:22:33 2017-07-15	更改系统时钟
<Quidway>display current-configuration	查看当前配置
<Quidway>display saved-configuration	查看已保存配置
<Quidway>save	保存当前配置
<Quidway>reset saved-configuration	清除保存的配置 （需重启设备才有效）
<Quidway>reboot	重启设备
[Quidway-Ethernet0/0/1]display this # interface Ethernet0/0/1 　undo ntdp enable 　undo ndp enable	查看当前视图配置
[Quidway]interface Ethernet0/0/1 [Quidway-Ethernet0/0/1]	进入端口
[Quidway-Ethernet0/0/1]description To_SWITCH1_E0/1	设置端口描述
[Quidway-Ethernet0/0/1]shutdown [Quidway-Ethernet0/0/1]undo shutdown	打开/关闭端口
[Quidway]display interface Ethernet 0/0/1	查看特定端口信息
[[Quidway]display ip interface brief [Quidway]display interface brief	查看端口简要信息

（5）常用快捷键

熟悉如表 7-5 所示的快捷键操作。

表 7-5 快捷键作用

快 捷 键	作 用	快 捷 键	作 用
上光标键【↑】或组合键【Ctrl+P】	上一条历史记录	组合键【Ctrl+W】	清除当前输入
下光标键【↓】或组合键【Ctrl+N】	下一条历史记录	组合键【Ctrl+O】	关闭所有调试信息
【Tab】键或组合键【Ctrl+I】	自动补充当前命令	组合键【Ctrl+G】	显示当前配置
组合键【Ctrl+C】	停止显示及执行命令		

（6）命令行错误信息

在操作过程中，常见的错误提示如表 7-6 所示。

表 7-6 常见的错误提示

英文错误信息	错误原因
Unrecognized command	没有查找到命令
	没有查找到关键字
	参数类型错
	参数值越界
Incomplete command	输入命令不完整
Too many parameters	输入参数太多
Ambiguous command	输入参数不明确

7.5 局域网的组建部分项目实现

任务分析

分析项目总拓扑图可以看出公司总部两台交换机 Z-AS-1 和 Z-AS-2 作为二层交换机，为 VLAN4 和 VLAN5 中的 PC 提供接入。这两台交换机通过冗余的双上行链路连接到两核心交换机 Z-CS-1 和 Z-CS-2。由于存在冗余的双上行链路，四台交换机均应启动 STP。并且，为了保证网络的稳定，应使核心交换机中 Z-CS-1 为根网桥，Z-CS-2 为备份根网桥。

在两台核心交换机 Z-CS-1 和 Z-CS-2 之间采用了 Trunk 链路增加网络带宽，提高网络的可靠性。

7.5.1 VLAN 的配置与实现

1. 任务目标

在总项目中，将公司总部两台交换机 Z-AS-1 和 Z-AS-2 作为二层交换机，为 VLAN4

和 VLAN5 中的 PC 提供接入。这两台交换机通过上行链路连接到两核心交换机 Z-CS-1 和 Z-CS-2。本次任务的目标就是配置 VLAN 的 Access 端口和 Trunk 端口，实现 PC 的接入，使相同 VLAN 中的 PC 可以互通，不同 VLAN 中的 PC 互相隔离。

2. 任务拓扑图

VLAN 配置拓扑如图 7-13 所示。

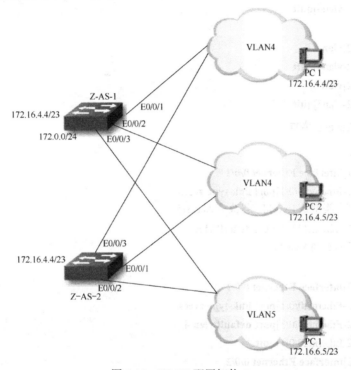

图 7-13　VLAN 配置拓扑

三台交换机通过双绞线连接，VLAN4 和 VLAN5 的用户 PC 分别连到 Z-AS-1 和 Z-AS-2。VLAN 4 的用户 PC1 和 PC2 需要互通，同时 VLAN4 的用户和 VLAN5 的用户相互隔离。

3. 任务实施流程

VLAN 配置流程如图 7-14 所示。

图 7-14　VLAN 配置流程

4. 任务实施步骤

（1）创建 VLAN

① Z-AS-1。

[Z-AS-1]**vlan 4**
#创建 Vlan4#
[Z-AS-1-vlan4]**quit**

② Z-AS-2。

[Z-AS-2]**vlan 4**
[Z-AS-2-vlan4]**quit**
[Z-AS-2]**vlan 5**
[Z-AS-2-vlan5]**quit**

（2）配置 Access 端口

① Z-AS-1。

[Z-AS-1]**interface Ethernet 0/0/1**
[Z-AS-1-Ethernet0/0/1]**port link-type access**
#默认端口类型是 Hybrid，修改成 Access#
[Z-AS-1-Ethernet0/0/1]**port default vlan 4**
#把端口添加到 Vlan4#

② Z-AS-2。

[Z-AS-2]**interface Ethernet 0/0/1**
[Z-AS-2-Ethernet0/0/1]**port link-type access**
[Z-AS-2-Ethernet0/0/1]**port default vlan 4**
[Z-AS-2-Ethernet0/0/1]**quit**
[Z-AS-2]**interface Ethernet 0/0/2**
[Z-AS-2-Ethernet0/0/2]**port link-type access**
[Z-AS-2-Ethernet0/0/2]**port default vlan 5**

（3）配置 Trunk 端口

① Z-AS-1。

[Z-AS-1]**interface Ethernet 0/0/23**
[Z-AS-1-Ethernet0/0/23]**port link-type trunk**
#配置本端口为 Trunk 端口#
[Z-AS-1-Ethernet0/0/23]**port trunk allow-pass vlan 4 5**
#本端口允许 Vlan4、Vlan5 通过#

② Z-AS-2。

[Z-AS-2]**interface Ethernet 0/0/23**
[Z-AS-2-Ethernet0/0/23]**port link-type trunk**
[Z-AS-2-Ethernet0/0/23]**port trunk allow-pass vlan 4 5**

5. 任务测试

PC1、PC2、PC3 间连通性检查。使用 ping 命令检查 VLAN 内和 VLAN 间的连通性。可以看到属于 VLAN4 的 PC1、PC2 间可以跨交换机互访，而 VLAN4 和 VLAN5 不能互访。

7.5.2 端口聚合的配置与实现

1. 任务目标

在总项目中，交换机 Z-CS-1 和 Z-CS-2 之间通过两条以太网线连接，本次任务的目标是将两条链路手工聚合从而提高链路带宽，实现流量负载分担。

2. 任务拓扑图

端口聚合拓扑如图 7-15 所示。

3. 任务实施流程

端口聚合配置流程如图 7-16 所示。

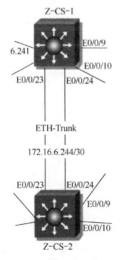

图 7-15 端口聚合拓扑

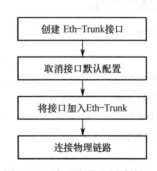

图 7-16 端口聚合配置流程

注意：配置前先不进行线缆连接或者将成员端口关闭，以避免交换机之间直接连接多条链路造成环路。

4. 任务实施步骤

（1）创建 Eth-Trunk 端口

分别在两台交换机上创建 Eth-Trunk 端口，端口编号可以在 0～19 之间任意选择。

[Z-CS-1] **interface Eth-Trunk1**

[Z-CS-1 -Eth-Trunk1] **quit**

[Z-CS-2] **interface Eth-Trunk1**

[Z-CS-2 -Eth-Trunk1] **quit**

（2）取消端口的默认配置

在两台交换机的物理端口中把默认开启的一些协议关闭。

[Z-CS-1]**interface Ethernet 0/0/23**

[Z-CS-1-Ethernet0/0/23] **bpdu disable**

[Z-CS-1-Ethernet0/0/23] **undo ntdp enable**

[Z-CS-1-Ethernet0/0/23] **undo ndp enable**

[Z-CS-1]**interface Ethernet 0/0/24**

[Z-CS-1-Ethernet0/0/24] **bpdu disable**

[Z-CS-1-Ethernet0/0/24] **undo ntdp enable**

[Z-CS-1-Ethernet0/0/24] **undo ndp enable**

Z-CS-2 交换机配置类似。

（3）将物理端口加入 Eth-Trunk

[Z-CS-1]**interface Ethernet 0/0/23**

[Z-CS-1-Ethernet0/0/23]**eth-trunk 1**

[Z-CS-1]**interface Ethernet 0/0/24**

[Z-CS-1-Ethernet0/0/24]**eth-trunk 1**

Z-CS-2 交换机配置类似。

（4）创建 VLAN

① Z-CS-1。

[Z-CS-1] **vlan 4**

[Z-CS-1-vlan4]**quit**

[Z-CS-1] **vlan 5**

[Z-CS-1-vlan5]**quit**

② Z-CS-2。

[Z-CS-2] **vlan 4**

[Z-CS-2-vlan4]**quit**

[Z-CS-2] **vlan 5**

[Z-CS-2-vlan5]**quit**

（5）配置 Trunk 端口

① Z-CS-1。

[Z-CS-1]**interface Ethernet 0/0/9**

[Z-CS-1-Ethernet0/0/9]**port link-type trunk**

第7章 项目综合分析

```
[Z-CS-1-Ethernet0/0/9]port trunk allow-pass vlan 4 5
[Z-CS-1-Ethernet0/0/9]quit
[Z-CS-1] interface Eth-Trunk1
[Z-CS-1- Eth-Trunk1]port link-type trunk
[Z-CS-1- Eth-Trunk1]port trunk allow-pass vlan 4 5
[Z-CS-1- Eth-Trunk1] quit
```

② Z-CS-2。

```
[Z-CS-2]interface Ethernet 0/0/10
[Z-CS-2-Ethernet0/0/10]port link-type trunk
[Z-CS-2-Ethernet0/0/10]port trunk allow-pass vlan 4 5
[Z-CS-2-Ethernet0/0/10]quit
[Z-CS-2] interface Eth-Trunk1
[Z-CS-2- Eth-Trunk1]port link-type trunk
[Z-CS-2- Eth-Trunk1]port trunk allow-pass vlan 4 5
[Z-CS-2- Eth-Trunk1] quit
```

（6）连接物理链路

按照拓扑图连接两台交换机之间的线缆。

5. 任务测试

1. [Z-CS-1]display Eth-Trunk 1

```
Eth-Trunk1's state information is:
WorkingMode: NORMAL      Hash arithmetic: According to SA-XOR-DA
Least Active-linknumber: 1    Max Bandwidth-affected-linknumber: 8
Operate status: up            Number Of Up Port In Trunk: 2
--------------------------------------------------------------------
PortName              Status       Weight
Ethernet0/0/23          up           1
Ethernet0/0/24          up           1
```

PC1、PC2、PC3 间连通性检查。

使用 ping 命令检查 VLAN 内和 VLAN 间的连通性。可以看到属于 VLAN4 的 PC1、PC2 间可以跨交换机互访，而 VLAN4 和 VLAN5 不能互访。

7.5.3 STP 的配置与实现

1. 任务目标

在总项目中，交换机 Z-AS-1 和 Z-AS-2 通过冗余的双上行链路连接到两核心交换机

Z-CS-A 和 Z-CS-B。由于存在冗余的双上行链路,四台交换机均应启动 STP,并且,为了保证网络的稳定,应使核心交换机中 Z-CS-1 为根网桥,Z-CS-2 为备份根网桥,当 Z-CS-1 出现故障之后 Z-CS-2 成为新的根网桥。

2. 任务拓扑图

STP 配置拓扑如图 7-17 所示。

3. 任务实施流程

STP 配置流程如图 7-18 所示。

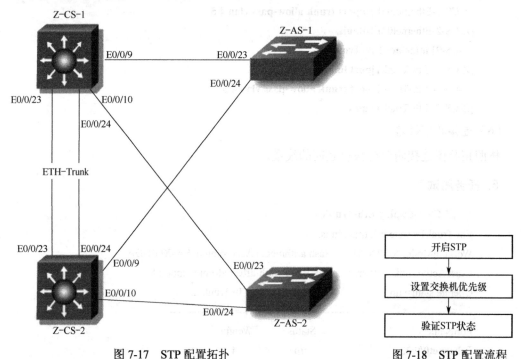

图 7-17　STP 配置拓扑　　　　图 7-18　STP 配置流程

4. 任务实施步骤

(1) 交换机上开启 STP

在三台交换机上开启 STP 功能,并将 STP 的模式改成 IEEE 802.1D 标准的 STP。

　　　　[Z-CS-1]**stp mode stp**
　　　　[Z-CS-1]**stp enable**

其他交换机配置相同。

(2) 设置交换机优先级

在 Z-CS-1 上设置优先级值为 0,Z-CS-2 优先级值为 4096,Z-AS-1 使用默认优先级值

32768，有两种配置方式。

方式一：

  [Z-CS-1]**stp rootprimary**

  #该命令使得交换机优先级值为 0，即最优先#

  [Z-CS-2]**stp root secondary**

  #该命令使交换机优先级值为 4096，即比 0 低一个级别#

方式二：

  [Z-CS-1]**stp priority 0**

  [Z-CS-2]**stp priority 4096**

5．任务测试

在每台交换机上观察 STP 状态及端口状态。

（1）交换机 Z-CS-1 状态信息

```
[Z-CS-1]display stp
-------[CIST Global Info][Mode STP]-------
CIST Bridge :0.0025-9e74-a097        //该项为本交换机 Bridge ID
Bridge Times :Hello 2s MaxAge 20s FwDly 15s MaxHop 20
CIST Root/ERPC :0.0025-9e74-a097 / 0        //该项为根网桥 Bridge ID
CIST RegRoot/IRPC:0.0025-9e74-a097 / 0
CISTRootPortId:0.0
BPDU-Protection:disabled
TC or TCN received:0
TC count per hello:0
STP Converge Mode:Normal
[Z-CS-1]dis stp brief
  MSTID    PortRoleSTPStateProtection
    0      Ethernet0/0/9      DESI    FORWARDING      NONE
    0      Ethernet0/0/23     DESI    FORWARDING      NONE
```

交换机被选举为根网桥，两个端口都是指定端口，都可以转发数据。

（2）交换机 Z-CS-2 状态信息

```
[Z-CS-2]display stp
-------[CIST Global Info][Mode STP]-------
CIST Bridge:4096 .0025-9e74-19ff     //该项为本交换机 Bridge ID
Bridge Times:Hello 2s MaxAge 20s FwDly 15s MaxHop 20
CIST Root/ERPC:0.0025-9e74-a097 / 199999       //该项为根网桥 Bridge ID
CIST RegRoot/IRPC:4096 .0025-9e74-19ff / 0
```

```
CISTRootPortId:128.23
BPDU-Protection :disabled
CIST Root Type:SECONDARY root
TC or TCN received:83
TC count per hello:0
STP Converge Mode:Normal
[Z-CS-2]display stp brief
 MSTID    PortRoleSTPStateProtection
   0      Ethernet0/0/9     DESI    FORWARDING     NONE
   0      Ethernet0/0/23    ROOT    FORWARDING     NONE
```

连接根网桥的 Ethernet0/0/23 端口成为根端口，连接 Z-AS-1 的 Ethernet0/0/9 端口成为指定端口，都转发数据。

（3）交换机 Z-AS-1 状态信息

```
[Z-AS-1]display stp
-------[CIST Global Info][Mode STP]-------
CISTBridge:32768.0018-82ea-b8F1
Bridge Times:Hello 2s MaxAge 20s FwDly 15s MaxHop 20
CIST Root/ERPC:0.0025-9e74-a097 / 199999
CIST RegRoot/IRPC:32768.0018-82ea-b8F1 / 0
CISTRootPortId:128.23
BPDU-Protection :disabled
TC or TCN received :0
TC count per hello :0
STP Converge Mode :Normal
[Z-AS-1]display stp brief
 MSTID   Port              Role   STPStateProtection
   0     Ethernet0/0/23    ROOT   FORWARDING     NONE
   0     Ethernet0/0/24    ALTE   DISCARDING     NONE
```

连接根网桥的 Ethernet0/0/23 端口为根端口，数据可以被转发；连接 Z-CS-B 的 Ethernet0/0/24 端口为预备端口，数据被阻塞从而避免环路。

7.5.4 单臂路由的配置与实现

1. 任务目标

本任务的主要目标是利用单臂路由实现分支结构 F1 中不同 VLAN 间的通信。

2. 任务拓扑图

单臂路由拓扑如图 7-19 所示。

交换机 F2-AS-1 和路由器 F2-R 通过一条双绞线连接，VLAN7 和 VLAN9 的用户 PC 分别连到 F2-AS-1，VLAN7 的用户 PC1 和 VLAN9 的用户 PC2 通过 F2-R 互通。

3. 任务实现流程

单臂路由配置流程如图 7-20 所示。

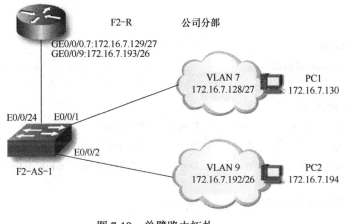

图 7-19 单臂路由拓扑

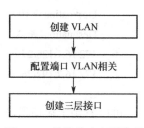

图 7-20 单臂路由配置流程

4. 任务实现步骤

（1）创建 VLAN

```
[F2-AS-1]vlan batch 7 9
[F2-AS-1]interface Ethernet 0/0/1
[F2-AS-1-Ethernet0/0/1]port link-type access
[F2-AS-1-Ethernet0/0/1]port default vlan 7
[F2-AS-1-Ethernet0/0/1]quit
[F2-AS-1]interface Ethernet 0/0/2
[F2-AS-1-Ethernet0/0/2]port link-type access
[F2-AS-1-Ethernet0/0/2]port default vlan 9
```

（2）配置 Trunk 端口

```
[F2-AS-1]interface Ethernet 0/0/24
[F2-AS-1-Ethernet0/0/24]port link-type trunk
[F2-AS-1-Ethernet0/0/24]port trunk allow-pass vlan 7 9
```

（3）配置路由器子端口

```
[F2-R]interface GigabitEthernet 0/0/0.7
```

[F2-R-GigabitEthernet0/0/0.7] **Vlan-type dot1q vid 7**

[F2-R-GigabitEthernet0/0/0.7] **ip address 172.16.7.129 27**

[F2-R-GigabitEthernet0/0/0.7]**quit**

[F2-R]**interface GigabitEthernet 0/0/0.9**

[F2-R-GigabitEthernet0/0/0.9] **Vlan-type dot1q vid 9**

[F2-R-Ethernet0/1.9]**ip address 172.16.7.192 26**

5. 任务测试

（1）查看 IP 路由表

```
[F2-R]display ip routing-table
Route Flags: R - relay, D - download to fib
Routing Tables: Public
        Destinations : 10       Routes : 10
Destination/Mask      Proto    Pre   Cost   Flags   NextHop        Interface
172.16.7.128/27       Direct   0     0      D       172.16.7.129   GE0/0/0.7
172.16.7.192/26       Direct   0     0      D       172.16.7.130   GE0/0/0.9
…
```

可以看到子端口所产生的直连表项已经加入到路由表中。

（2）连通性检查

使用 ping 命令检查 PC1 和 PC2 间的连通性。可以看到属于 VLAN4 的 PC1 和属于 VLAN9 的 PC2 可以互访。

7.5.5　三层交换的配置与实现

1. 任务目标

本次任务的目标是利用三层交换实现不同 VLAN 间的通信。

2. 任务拓扑

三层交换拓扑如图 7-21 所示。

三台交换机通过双绞线连接，VLAN4 和 VLAN5 的用户 PC 分别连到 Z-AS-1 和 Z-AS-2。配置 VLAN 间路由，使得 PC1 和 PC2、PC3 可以互通。

3. 任务实施流程

三层交换配置流程如图 7-22 所示。

第 7 章 项目综合分析

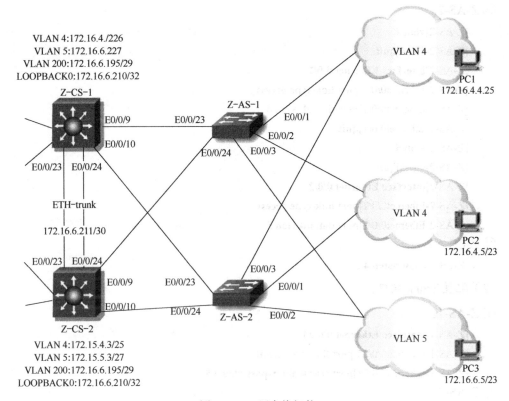

图 7-21 三层交换拓扑

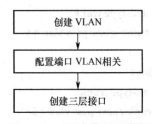

图 7-22 三层交换配置流程

4. 任务实施步骤

（1）创建 VLAN 并划分端口

① Z-AS-1。

```
[Z-AS-1] vlan batch 4 5
[Z-AS-1]interface Ethernet 0/0/1
[Z-AS-1-Ethernet0/0/1]port link-type access
[Z-AS-1-Ethernet0/0/1]port default vlan 4
```

② Z-AS-2。

　　[Z-AS-2]**vlan 4**

　　[Z-AS-2-vlan4]**quit**

　　[Z-AS-2]**interface Ethernet 0/0/1**

　　[Z-AS-2-Ethernet0/0/1]**port link-type access**

　　[Z-AS-2-Ethernet0/0/1]**port default vlan 4**

　　[Z-AS-2-Ethernet0/0/1]**quit**

　　[Z-AS-2]**vlan 5**

　　[Z-AS-2-vlan5]**quit**

　　[Z-AS-2]**interface Ethernet 0/0/2**

　　[Z-AS-2-Ethernet0/0/2]**port link-type access**

　　[Z-AS-2-Ethernet0/0/2]**port default vlan 5**

③ Z-CS-A。

　　[Z-CS-A]**vlan batch 4 5**

（2）配置 Trunk 端口

① Z-AS-1。

　　[Z-AS-1]**interface Ethernet 0/0/23**

　　[Z-AS-1-Ethernet0/0/23]**port link-type trunk**

　　[Z-AS-1-Ethernet0/0/23]**port trunk allow-pass vlan 4 5**

② Z-AS-2。

　　[Z-AS-2]**interface Ethernet 0/0/23**

　　[Z-AS-2-Ethernet0/0/23]**port link-type trunk**

　　[Z-AS-2-Ethernet0/0/23]**port trunk allow-pass vlan 4 5**

③ Z-CS-1。

　　[Z-CS-1]**interface Ethernet 0/0/9**

　　[Z-CS-1-Ethernet0/0/9]**port link-type trunk**

　　[Z-CS-1-Ethernet0/0/9]**port trunk allow-pass vlan 4 5**

　　[Z-CS-1-Ethernet0/0/9]**quit**

　　[Z-CS-1]**interface Ethernet 0/0/10**

　　[Z-CS-1-Ethernet0/0/10]**port link-type trunk**

　　[Z-CS-1-Ethernet0/0/10]**port trunk allow-pass vlan 4 5**

（3）配置三层端口

　　[Z-CS-1]**interface vlanif 4**

　　[Z-CS-1-vlan-interface4]**ip address 172.16.4.2 26**

　　[Z-CS-1]**interface vlanif 5**

　　[Z-CS-1-vlan-interface5]**ip address 172.16.6.2 27**

5. 任务测试

(1) 查看 IP 路由表

[Z-CS-1]**display ip routing-table**
Route Flags: R - relay, D - download to fib
Routing Tables: Public
Destinations : 6   Routes : 6

Destination/Mask	Proto	Pre	Cost	Flags	NextHop	Interface
172.16.4.2 /32	Direct	0	0	D	127.0.0.1	InLoopBack0
172.16.4.0/26	Direct	0	0	D	172.16.6.225	Vlanif4
172.16.6.2/32	Direct	0	0	D	127.0.0.1	InLoopBack0
172.16.6.0/27	Direct	0	0	D	172.16.6.245	Vlanif5
127.0.0.0/8	Direct	0	0	D	127.0.0.1	InLoopBack0
127.0.0.1/32	Direct	0	0	D	127.0.0.1	InLoopBack0

可以看到 Vlan 路由已经添加到路由表中。

(2) 连通性检查

使用 ping 命令检查 PC1 与 PC3, PC2 与 PC3 间的连通性。

可以 ping 通, 代表 VLAN4 和 VLAN5 的主机通过 VLAN 路由互访。

5. 征案测所

(1) 查看下列表示

NTS-1# display ip routing-table

Router Page：B=relay, D=download to fib

Routing Table: Public

D estinations：6   Routes：6

Destination/Mask	Proto	Pre	Cost	Flags	NextHop	Interface
172.16.4.1/32	Direct	0	0	D	127.0.0.1	InLoopBack0
192.16.0.0/24	Direct	0	0	D	192.16.4.1	Vlan4
172.16.4.0/22	Direct	0	0	D	127.0.0.1	InLoopBack0
172.16.4.2/32	Direct	0	0	D	172.16.4.2	Vlan3
127.0.0.0/8	Direct	0	0	D	127.0.0.1	InLoopBack0
127.0.0.1/32	Direct	0	0	D	127.0.0.1	InLoopBack0

注：此处Vlan3的信息没有在表格中列出。

(2) 验证结果

通过 ping 与 tracert 可以发现 PC1、PC2 与 PC3 可以相互通信。

PC1 ping 通过 VLAN 中的 VLAN 通信机制实现了 VLAN 间的通信。